東京大学の先生伝授

文系のためのめっちゃやさしい化学

監修
中村栄一
東京大学特別教授

はじめに

化学は，わたしたちの生活を豊かにするために必要不可欠です。有機化学は医薬品やプラスチック製造に応用され，無機化学の知識を活用することにより，鉱物や光り輝く宝石の構成成分を知ることができます。物理化学により，氷や水，水蒸気と物質が変化する過程について詳細を理解することができます。生物化学や分析化学など，先人が切り開いた業績は偉大です。**このように21世紀の快適な生活をつくりあげ，地球との調和を図りながら，ますます発展させる原動力となるのが化学なのです。**

化学と聞くと，いやな思い出がよぎる読者の皆様がいらっしゃるかもしれません。高校レベルの化学教育の重要な目標は，目で見えるマクロの現象の裏に，原子や分子同士の相互作用があるということを実感させることです。でもこれが難物で，受験勉強においては，どうしても元素の名前を暗記する，モル計算を正確に行う，というような勉強になりがちでした。化学は単なる暗記物という印象を払拭するためにつくったのがこの本です。

化学の主人公は，原子や分子です。**この本では，化学現象の主役である，原子を紹介するところからはじまり，物質やイオン，有機物について詳細に学べるように整理されています。**教科書とはことなり，化学をやさしく理解できるように解説をしており，ニュートンプレスの編集スタッフの工夫によって，皆様が化学の楽しさを再発見できるものと思います。化学に馴染みのない方から一定の知識をお持ちの方まで，化学の素晴らしさを味わっていただけるのではと考えています。

監修

東京大学特別教授

中村 栄一

目次

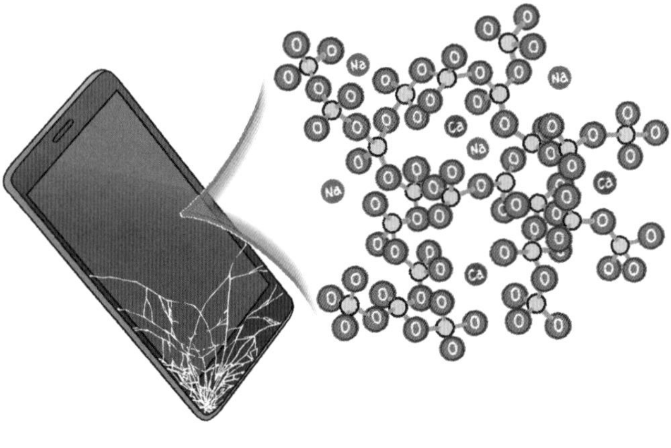

1 時間目 原子と周期表

STEP 1

あらゆる物質は，原子でできている！

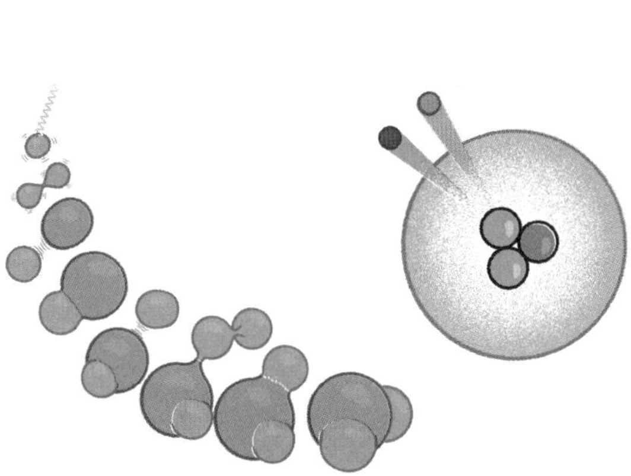

STEP 2

周期表を読み解こう！

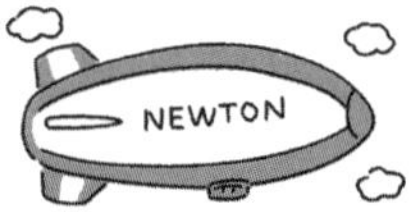

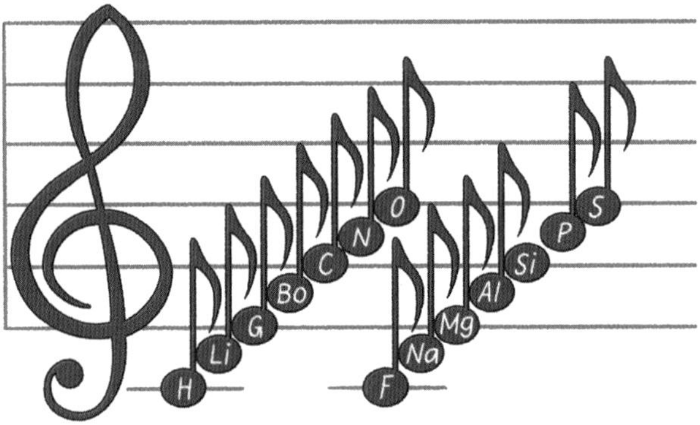

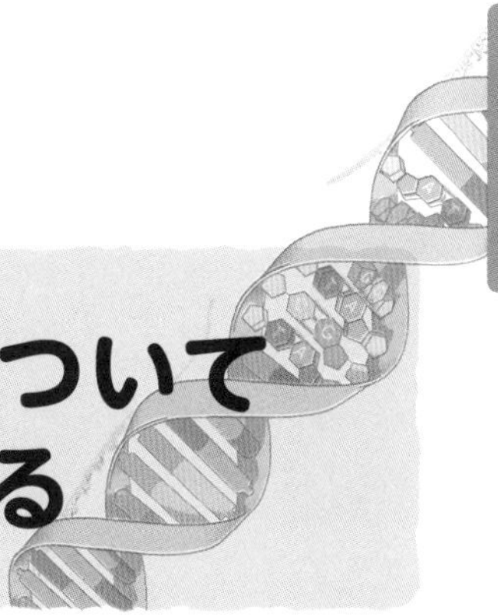

2 時間目 原子が結びついて物質ができる

STEP 1

原子の結合と化学反応

STEP 2

分子同士をゆるやかに結びつける力

3時間目 身のまわりにあふれるイオン

STEP 1

イオンとは何か?

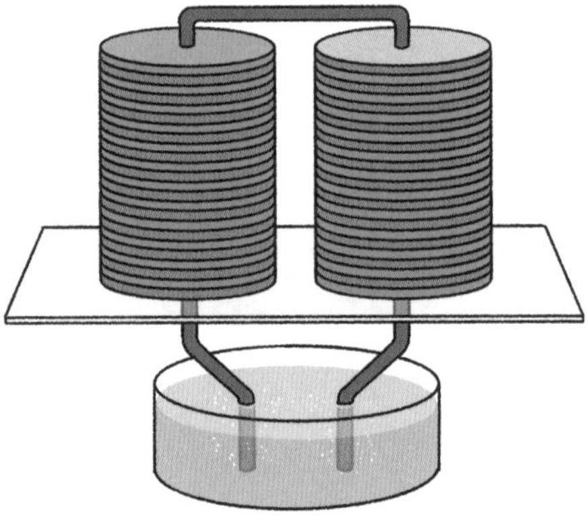

STEP 2
イオンがおこす身近な化学反応

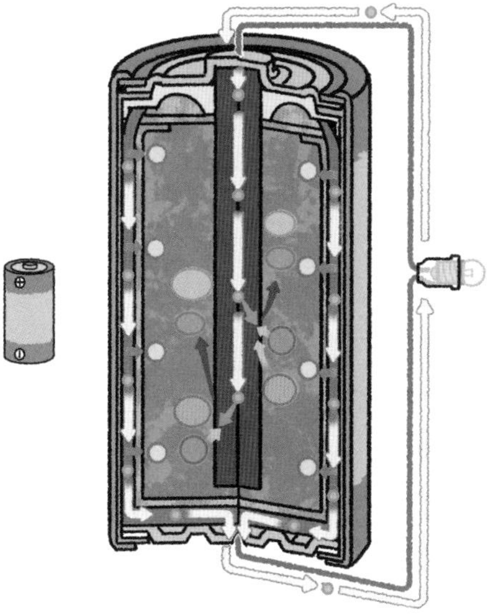

4時間目 現代社会に欠かせない有機物

STEP 1

有機物は炭素でできている

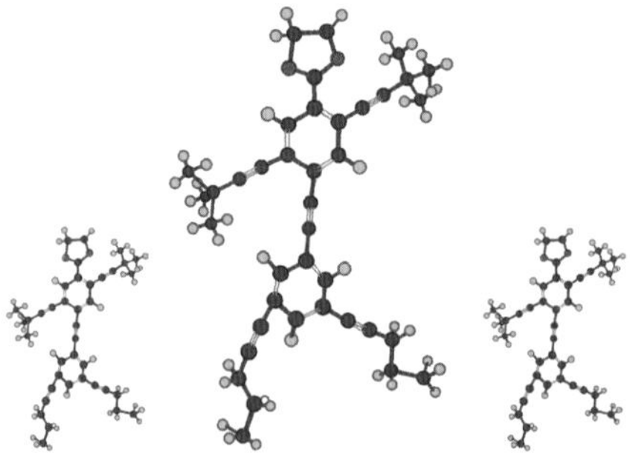

STEP 2

社会で活躍する有機物

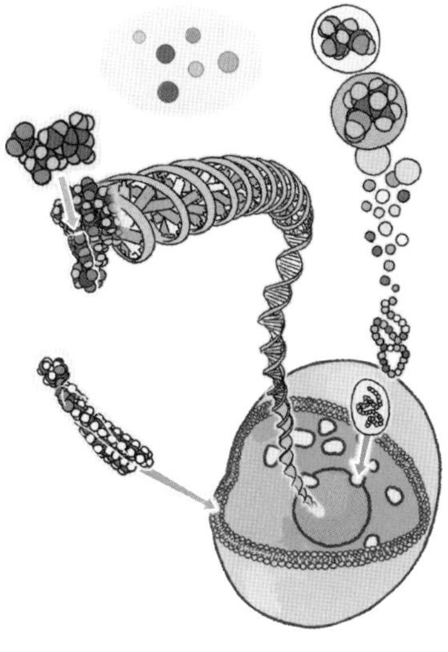

とうじょうじんぶつ

中村栄一 先生

東京大学で化学を
教えている先生

数学アレルギーの
さえない文系サラリーマン（27才）

0 時間目

イントロダクション

STEP 1

化学って何？

化学は，私たちの生活のさまざまな場面で活躍しています。ここでは，化学とは何なのか，そして，私たちの身のまわりには，どんな化学がひそんでいるのかを見ていきましょう。

化学とは，物質の性質を調べる学問

先生，今日は化学について教えてもらいたくてやってきました！
化学って，私たちの暮らしに欠かせないものだって聞いたことがあります。
中学校の理科の時間に，**原子**とか**元素**とか，**化学反応**とか，いろんなワードが出てきた覚えはありますけど，ぜんぜん身近に思えなくて，意味は**ちんぷんかんぷん**です。化学って暮らしの中のどこにかかわっているんですか？
そもそも，**化学って何なのですか？**

お，化学に興味をもったんですね！
おっしゃる通り，化学は私たちの生活の中で，とても身近なものです。
化学とはずばり，**「世の中のすべての物質の構造や性質を解き明かす学問」です。**

世の中のすべての物質!?

そうです。
毎日使う**スマホ**から，**食品**，**日用品**，そして**水**や**私たちの体**……。
身のまわりの**あらゆるものが化学の対象**なんです。

へぇーっ！ 化学ってすごいんですね！
たとえば，この**鉛筆**とか**紙**も化学の対象ですか？

もちろん！
化学によって解き明かされた鉛筆の芯の**ミクロな構造**を見てみましょう。

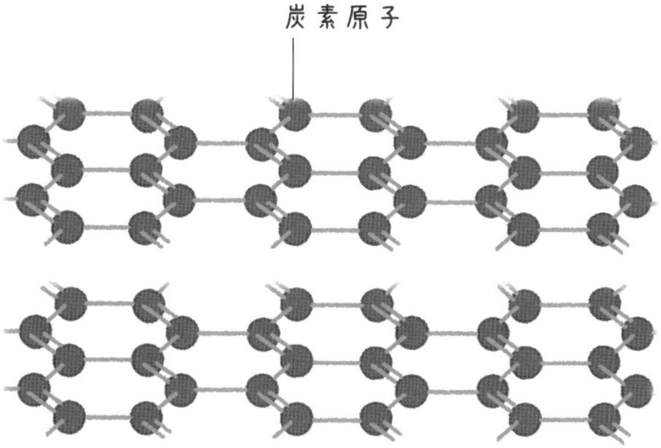

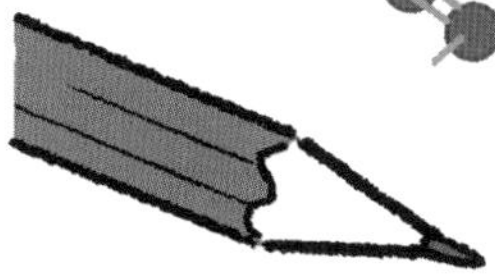

鉛筆
鉛筆の芯は，炭素の膜が層をなした黒鉛を粘土とまぜたものです。

黒鉛（グラファイト）
炭素原子（C）からなる正六角形の網目構造の膜が，層状に積み重なっています。膜どうしは，弱い電気的な力でつながっています。

鉛筆は六角形が並んだ膜が，層状に積み重なったような構造をしています。
鉛筆の芯を紙に押しつけると，この層がはがれて紙の表面に移ることで，文字として見えるんですね。

鉛筆は，層構造!?

一方，紙の方は，**セルロース**という名前の細長い分子でできています。

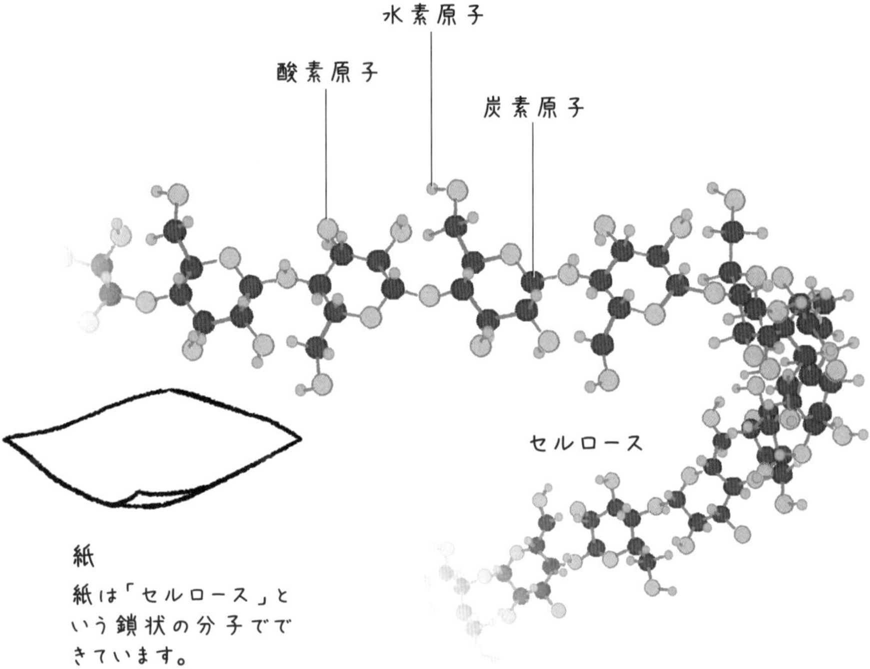

紙
紙は「セルロース」という鎖状の分子でできています。

このように，化学はあらゆる物質の構造や性質を解き明かしていく学問なんです。

化学と聞くとむずかしそうな印象がありますけど，身近なものなんですね

その通りです！
これから，化学の基本をおさえながら，私たちの毎日がいかに化学に支えられているか，紹介していきましょう。
まず，この0時間目では，身近な化学をいくつか取り上げて簡単に紹介していきます！
元素や**分子**など，いくつか専門用語が出てきますが，くわしい説明は1時間目以降にやりますので，ひとまずこの0時間目は，気楽に読んでもらえればと思います。

はいっ！　お願いします！

スマホには，レアな元素がたくさん使われている

最初に紹介するのは，**スマホ**です。
スマホ，よく使いますか？

それは，もう。
寝るとき以外は，片時もはなせません。
メールやニュースサイト，動画を見たり，電話をしたり，写真を撮ったり，スマホってすごいですよね！

ふふふ。
そんなふうに，スマホが多機能かつ高性能なのは，**レアメタル**のおかげです。

れあめたる？

はい。
レアメタル（希少元素）とは，地上に存在する量の少なさや，採掘方法のむずかしさなどから希少性が高いとされる，経済産業省が指定した金属元素の総称です。

と，とにかくめずらしい金属ってことですね……。

スマホのリチウムイオン電池の材料となる**リチウム（Li）**，スピーカーなどに使われている**ネオジム（Nd）**，液晶ディスプレイに欠かせない透明な金属の材料となる**インジウム（In）**など，スマホにはさまざまなレアメタルが使われています。これらの元素の性質をうまく利用することで，スマホはできているのです。

液晶ディスプレイ

液晶ディスプレイには、インジウム（In）やスズ（Sn）からつくられた透明な電極が使われています。

LED

LEDをつくる材料として、インジウム（In）やガリウム（Ga）などの元素が使われています。

ICチップ

ICチップの中には、シリコン（Si）などの半導体をはじめ、金（Au）、銀（Ag）、銅（Cu）などの電気が流れやすい材料が使われています。

リチウムイオン電池

リチウムイオン電池には、電気をつくるカギとなるリチウム（Li）や、電極としてコバルト（Co）や炭素（C）が使われています。

スマホは部品ごとにいろんな元素が使われているんですね。

ええ，その通りです。
もちろん，レアメタル以外にもたくさんの元素が使われています。
たとえば，アップル社のiPhoneなどのスマホの外装は，**アルミニウム**が含まれています。アルミニウムっていうのは，1円玉の主成分ですね。

1円玉って製造年が新しいものはピカピカ光っていますけど，そうでないものは，白くくすんで汚くなりますよね。スマホの外装って，長く使っても汚くならずに，きれいなままですけど，これはなぜなんですか？

いい質問ですね！
アルミニウムは，空気中に置いておくと酸素と反応して，白っぽい**酸化アルミニウム**という物質に変化してしまいます。
3時間目に紹介しますが，このような反応を**酸化**といいます。
1円玉は，酸化アルミニウムが不均一に表面をおおうため，くすんで見えます。

じゃあ，スマホの外装はなぜ汚くならないんでしょうか？

それは，意図的に酸化させたアルミニウムで，表面をおおっているからです。

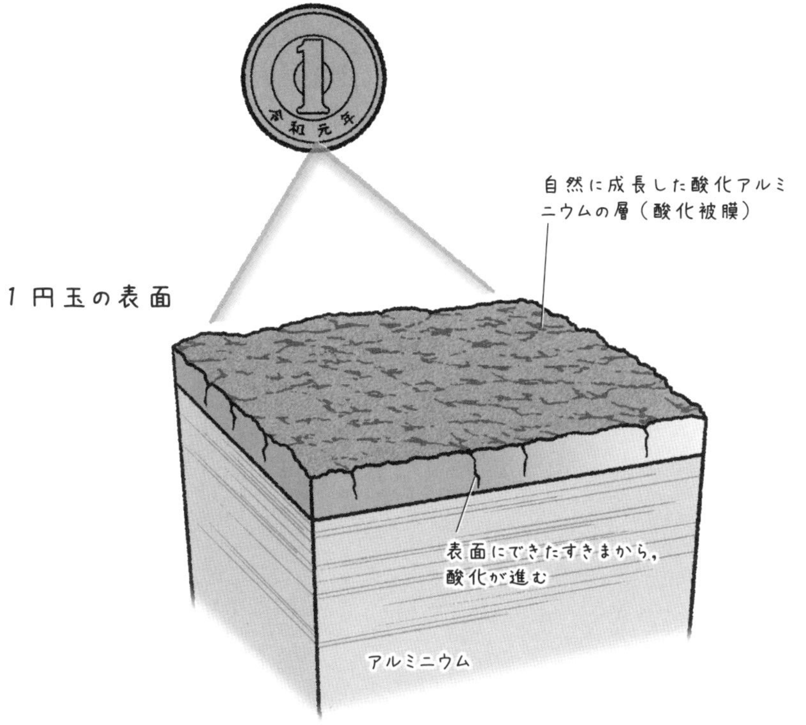

どうういうことですか？

スマホの外装は，数マイクロメートルの厚みの酸化アルミニウムで均等におおわれています。表面全体が酸化アルミニウムでおおわれていると，その下にあるアルミニウムは酸素と反応できず，守られます。
これを**アルマイト加工**といいます。

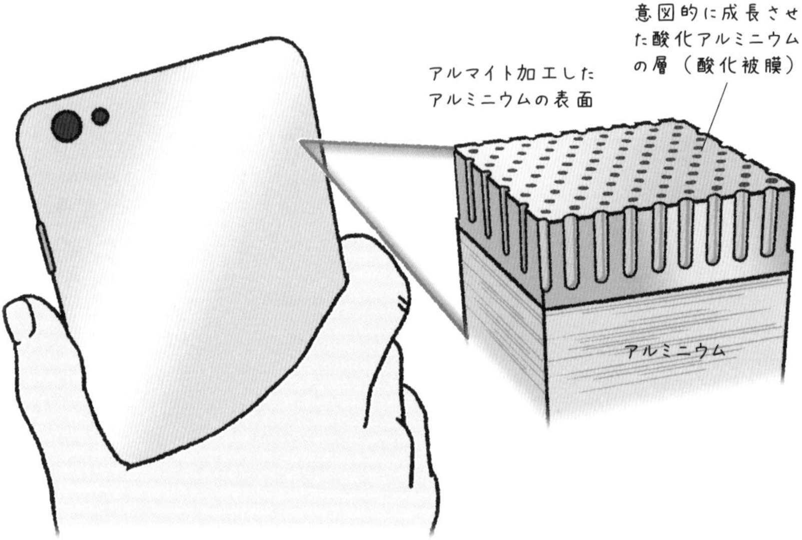

ですから，ムラなく酸化アルミニウムでおおわれているスマホの外装は，それ以上，酸化が進まず，きれいな光沢が保たれるんです。

へぇ，あらかじめ酸化アルミニウムでおおっておくおかげで，私のスマホの美しさは保たれているんですね！
すごいや！

次に，スマホの画面についても簡単に説明しておきましょう。スマホの画面はガラスでおおわれています。
ガラスは，一般的に**二酸化ケイ素（シリカ）**と，**炭酸ナトリウム**などをまぜてつくられます。

ミクロな構造を見ると，主成分であるケイ素原子（Si）と酸素原子（O）が並んでいますね。

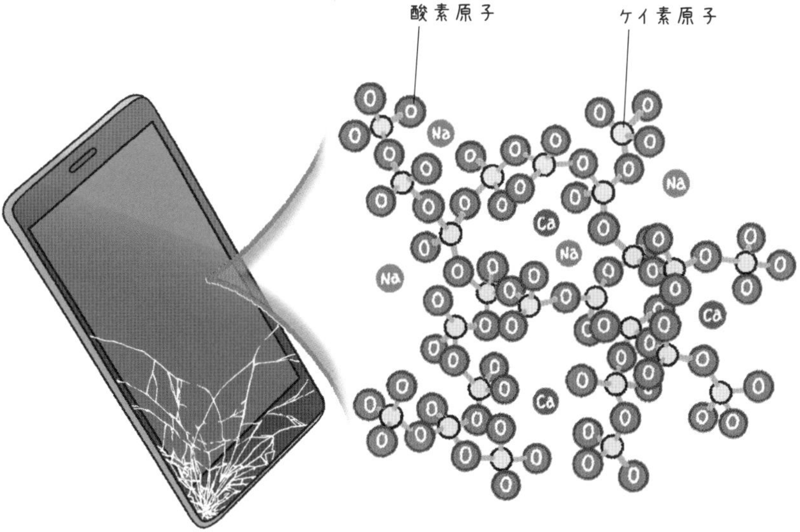

なんだか複雑な構造ですね。

そうですね。
ガラスは硬いので，一見，普通の固体のように思えます。
でも，**内部の原子や分子は，液体のように不規則につながり，並んでいます。**ガラスはいわば，固まった液体なのです。

固まった液体!?

はい。そのため，ガラスは，加熱しても氷のように一定の温度で溶けずに，徐々に柔らかくなります。
これが，加熱して加工しやすいというガラスの性質につながっているんですよ。

色とりどりの花火は，化学でつくる

次の話題は，**花火**です。

た〜まや〜！

色とりどりの花火の色も，**化学の力**で生みだされているんですよ。

花火も化学とかかわりがあったんですね！

はい。花火の色は，**炎色反応**を利用してつくられています。

えんしょくはんのう〜？
なんとなく，昔，理科の授業で聞いたことがある気がしますが，何でしたっけ？

金属元素を炎の中に入れると，元素ごとに特有の色の光を放ちます。たとえば，**バリウム（Ba）**は黄緑，**カルシウム（Ca）**はオレンジ，**カリウム（K）**は紫，といったぐあいです。これが炎色反応です。

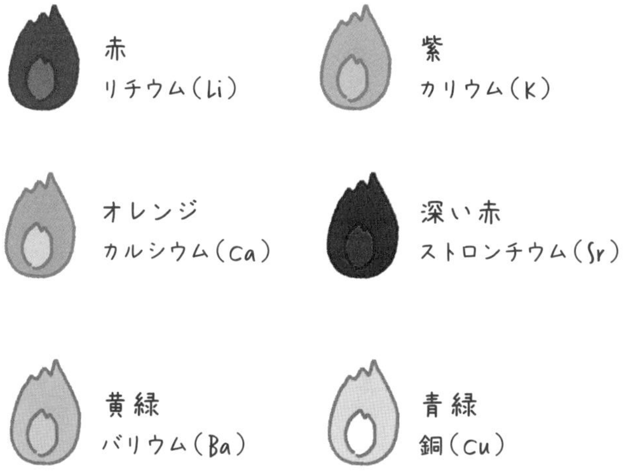

ほぅ。
花火の色は，その金属が放つ光の色，ということですか？

その通りです。
花火師は，これらの金属元素を含むさまざまな**炎色剤**を調合することで，たくさんの色を生みだしているんですよ。

カラフルな花火は金属元素のおかげだったんだ〜。

色とりどりの花火が日本で見られるようになったのは，**明治時代以降**のことです。それ以前の江戸時代の花火は，今のようにカラフルではなく，黒色火薬の燃焼で生じる暗いオレンジ色の光が主だったといわれています。黒色火薬とは，硝石（硝酸カリウム，KNO_3）や硫黄（S），木炭などをまぜあわせた火薬です。

昔はもっと花火は地味だったんですね。
今年の夏も，きれいな花火を見に行きたいなぁ〜。

プラスチックは細長い分子でできている

0時間目の最後に紹介するのは**プラスチックの化学**です。

プラスチック……。
コンビニのレジ袋とかもプラスチックですよね。
ペットボトルやストローなんかもそうですよね。

そうですね。
プラスチックは，身近な化学の代名詞ともいえるでしょう。
ひとくちにプラスチックといっても，化学的にはさまざまな種類があります。代表的なのは，レジ袋などに使われる**ポリエチレン**と，ストローなどに使われる**ポリプロピレン**です。

レジ袋とストローって同じプラスチックでも，化学的には種類がちがっていたんですね。
ポリエチレンとポリプロピレンは何がちがうんですか？

まず，ポリエチレンは，**エチレン**という分子からつくります。

えちれん……。

エチレンの分子は，2個の炭素原子が“2本の手”でつながっています。これを**二重結合**といいます。一方の手を解くことで，となりあうエチレンどうしをつなげることができます。こうして，**たくさんのエチレンを鎖のように次々とつなげたものがポリエチレンです。**

へぇーポリエチレンって鎖のように細長い物質でできていたんですね。

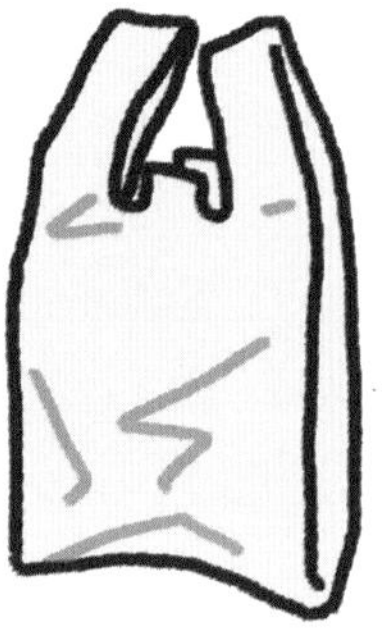

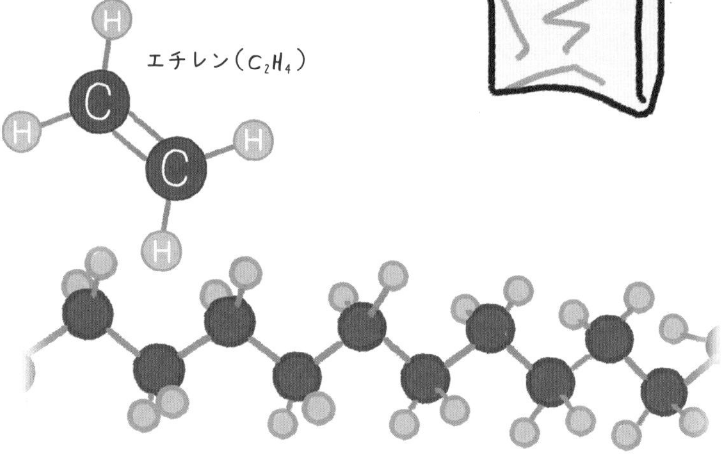

ポリエチレン

多数のエチレンが鎖状につながったのがポリエチレンです。
スーパーやコンビニのレジ袋のほか，包装用フィルムなどに使われています。

そうなんです。
プラスチックは，小さな部品をたくさんつなげて合成されるんです。

ポリプロピレンもですか？

ポリプロピレンは，先ほどのエチレンのかわりに，**プロピレン**を次々に鎖状につなげたものです。

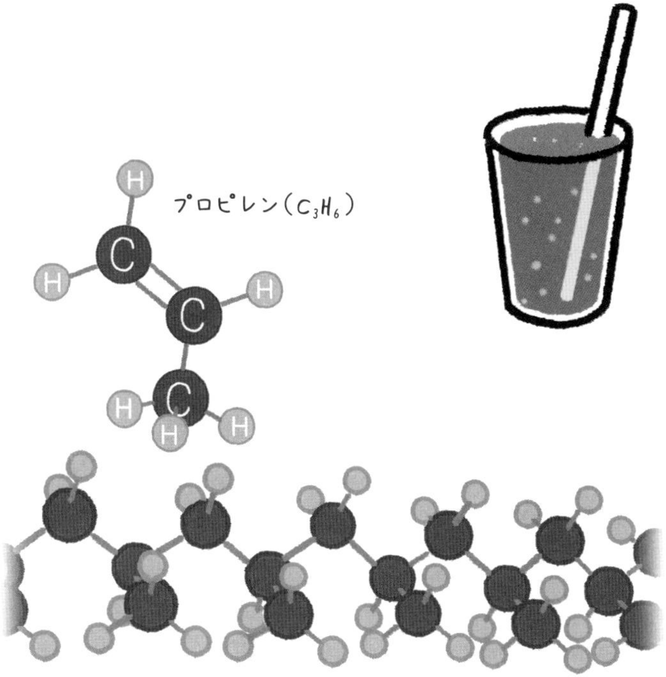

ポリプロピレン

多数のプロピレンが鎖状につながったのがポリプロピレンです。ストローのほか，使い捨てのスプーンやフォーク，容器などに使われています。

ポリプロピレンはポリエチレンよりも高い温度に耐えられるのが特徴です。

ふむふむ。
そういえば，最近レジ袋が有料になりましたよね。たしかプラスチックの**環境汚染**を考慮してだったような。

ええ。
プラスチックは自然界ではなかなか分解されないため，問題となっています。
流出したプラスチックが海や川をただよい，そこに暮らす生物の体を傷つけるなどします。また，細かな粒子にくだかれて海洋に流れこんだ**マイクロプラスチック**が，健康に影響をあたえるのではないかと懸念されているのです。

マイクロプラスチックって聞いたことがあります。
どうすれば，プラスチックによる環境汚染を食い止めることができるんでしょうか？

プラスチックによる環境汚染を防ぐ方法の一つとして，化学者たちが取り組んでいるのが，**生分解性プラスチック**の研究です。

せいぶんかいせい？

生分解性プラスチックというのは，微生物などの生き物が分解できるプラスチックのことです。代表的な生分解性プラスチックに，**ポリ乳酸**があります。

ぽりにゅうさん？

ポリ乳酸は，トウモロコシなどのでんぷんからつくられる**乳酸**を，たくさんつなげたプラスチックです。

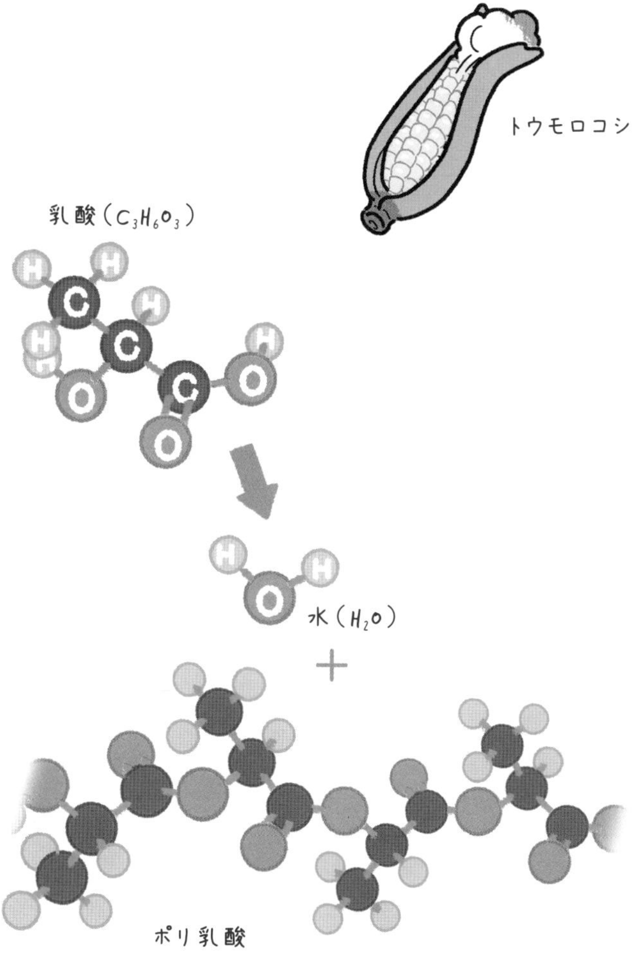

ポリ乳酸は，土壌などに生息する一部の微生物が分解できるんです。

ほぉ，微生物が分解できるんですね！
じゃあこれで，プラスチック問題は解決ですね！

いえ，まだ解決とまではいえません。
ポリ乳酸を単に土に埋めたり海に捨てたりしただけでは，数か月，あるいは年単位の時間をかけても，完全には分解されないこともあるとみられているんです。
急速に分解するには，約60℃に加熱するなどの特別な条件が必要とされています。
そのため，使うまではこわれない一方で，使い終わったらすぐに分解するプラスチックという，むずかしい課題に挑戦する研究が盛んになっています。

化学の力で，自然にやさしいプラスチックが開発できるといいですね。

Li
K
Ca
Ba
Cu
Sr

1
時間目

原子と周期表

STEP 1

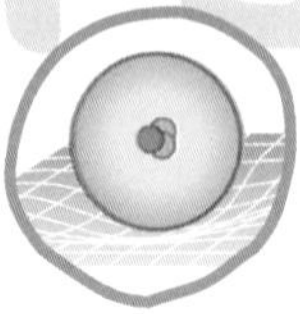

あらゆる物質は，原子でできている！

この世の中のすべてのものは，原子という粒でできています。原子はとても小さくて，肉眼で見ることはできません。原子とはいったいどういうものなのかを見ていきましょう。

原子はとてつもなく小さい

この1時間目STEP1では，化学の超基本となる原子について，見ていきましょう。

知ってます！
あらゆるものは，原子っていう粒の集まりなんですよね!?中学校で習いました！

ええ，その通りです。
空気も地球も生物も，あらゆるものは原子という微小な粒で構成されています。
20世紀に活躍した物理学者リチャード・ファインマン（1918～1988）は，次のようにのべています。
「もしも今，大異変がおき，科学的な知識がすべてなくなってしまい，たった一つの文章しか次の時代の生物に伝えられないとしたら，それは《すべてのものはアトム（原子）からできている》ということだろう」と……。

へぇ，原子，すごいな！
原子って目に見えないくらい，めちゃくちゃ小さいんですよね？
どれくらいの大きさなんでしょうか？

平均的な原子の大きさは，**1000万分の1ミリメートル**（10^{-10}メートル）ほどです。

ぜんぜんどれくらいかわからない！

小数で書くと，**0.0000001ミリメートル**です。

あいかわらず，ぜんぜん実感がわきません。

たとえば，ゴルフボールを地球の大きさに拡大したとしますね。そのとき，原子は元のゴルフボールの大きさと同じくらいになります。

どっひゃー
原子ってものすごく小さいんですね！

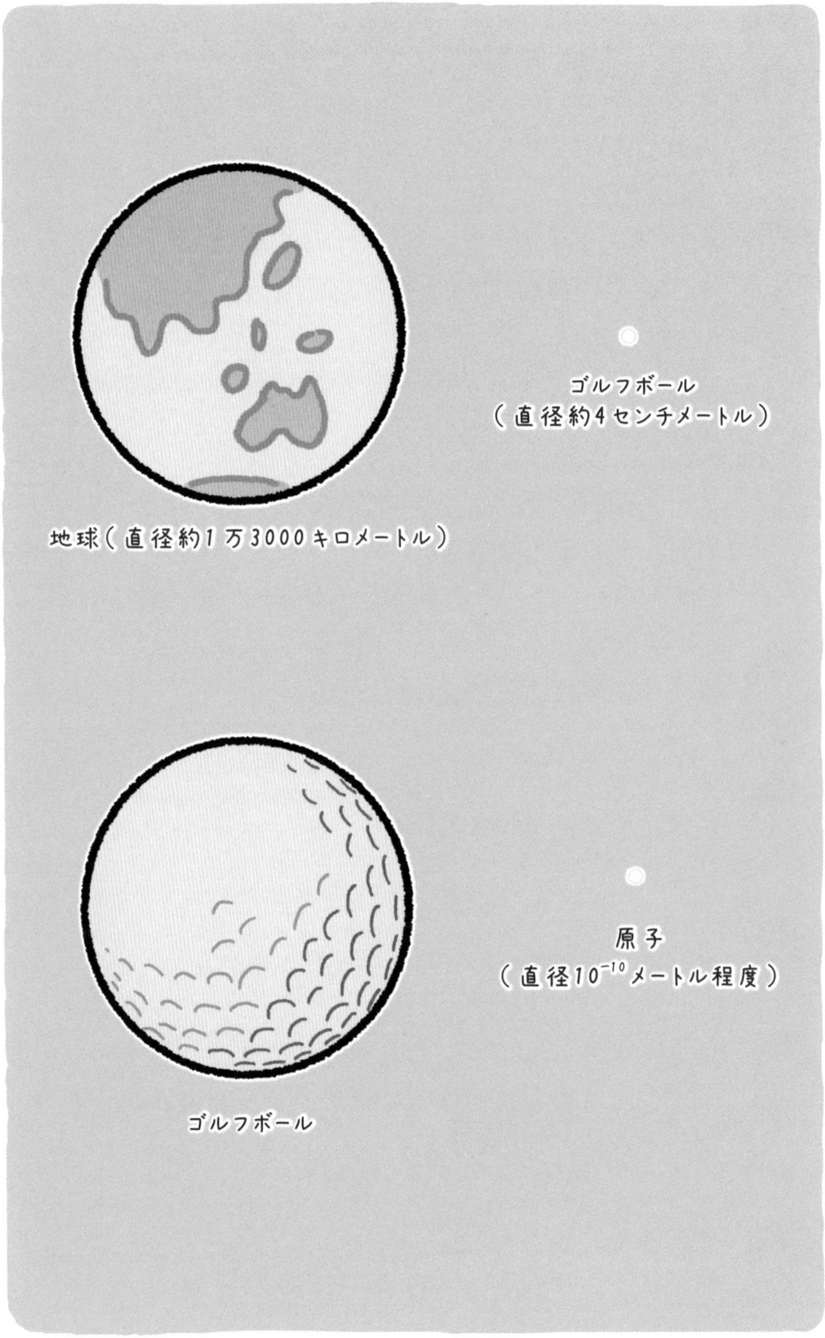
地球（直径約1万3000キロメートル）
ゴルフボール
（直径約4センチメートル）
ゴルフボール
原子
（直径10^{-10}メートル程度）

原子の探求物語

原子がめちゃくちゃ小さいものだってことは，よくわかりました。
でも，そんなに小さなもの，なぜ本当にあるってわかるんでしょうか？
いったい誰が，あらゆる物質は原子という粒でできていることを発見したんですか？

実は原子の存在を大多数の科学者が受け入れたのは，ほんの**100年ほど前**のことです。
2000年以上にわたって，原子が存在するのかどうか，科学者たちは議論をつづけていたのです。

えーっ，原子が存在するのって，今じゃ当たり前のように教科書とかに書かれているのに，それが大多数に受け入れられたのはたったの100年前だったんですか!?
いったいどうやって原子の存在が認められていったんでしょうか？

万物の根源についての探求は古来からなされていました。
紀元前400年ごろの哲学者，**デモクリトス**（前460ころ～前370ころ）は，「万物は微小な粒子からできている」ととなえ，その粒子を**atom（原子）**とよびました。
atomとは，ギリシア語で**それ以上分割できないもの**という意味です。

デモクリトス
（前460ころ～前370ころ）

デモクリトスさんすごい！
すでに正解にたどりついていたんですね。

ええ，このような考え方を**原子説**といいます。
しかし，この原子説に反対する考え方もありました。その代表が，**四元素説**です。

四元素説……。
どういう考え方なんでしょうか？

四元素説は，哲学者の**アリストテレス**（前384～前322）などが支持した考え方で，**「万物は空気・水・土・火の四つでできている」**とするものです。

アリストテレス
（前384～前322）

すべての物質はこれら四元素の組み合わせであり，これらの元素は粒子であるとは考えられていませんでした。

たった四つの要素で自然界の物質ができているとは，現代では考えづらいですね。
この四元素説がちがうことはいつわかったんでしょうか？

原子説と四元素説のどちらが正しいのか，議論は長い間つづけられました。
16世紀以降，元素とは，「これ以上二つの物質に分離できない物質」と定義されました。そしてしだいに四元素だけでは足りないことが認識されるようになったんです。

何が元素か，という議論に大きな影響を与えたのが，フランスの化学者，**アントワーヌ・ラボアジエ**（1743～1794）です。

アントワーヌ・ラボアジエ
（1743～1794）

ラボアジエは，実験を通して**「水は水素と酸素が結合したものであり，水自体は元素ではない」**と主張しました。
このラボアジエの発見によって，ギリシア時代より信じられてきたアリストテレスの四元素説は否定されたのです。
そしてラボアジエは，33種の元素からなる元素表を発表しました。

ラボアジエさんが，2000年近く信じられてきた四元素説を打ち破ったんですね！

ええ。さらに，イギリスの物理学者・化学者，**ジョン・ドルトン**（1766～1844）は，新しい元素の考え方を原子説と結びつけました。

ジョン・ドルトン
（1766～1844）

ドルトンは，さまざまな実験結果から，**「各元素は，ある決まった質量をもつ粒子の集まりである」**という考えにいたったのです。そしてこの粒子を**原子**とよびました。
さらにドルトンは，世界ではじめて原子の記号を発表し，また，水素原子の質量を1としたときの各原子の質量（原子量）を計算しました。

ドルトンさんが原子の存在を明らかにしたわけですね。

ドルトンが考えた原子の記号と原子量

記号	原子量 （かっこ内は現在のもの）	記号	原子量 （かっこ内は現在のもの）
 水素	1 （1.008）	 カリウム	42 （39.098）
 窒素	5 （14.007）	 鉄	38 （55.845）
 炭素	5 （12.011）	 亜鉛	56 （65.38）
 酸素	7 （15.999）	 銅	56 （63.546）
 リン	9 （30.974）	 鉛	95 （207.2）
 硫黄	13 （32.065）	 銀	100 （107.868）

ドルトンの原子説は科学界に大きな影響をあたえました。しかしドルトン自身は，原子という粒子の存在を考えただけで，実際に原子の存在を証明したわけではありません。

じゃあ，いつ原子の存在が証明されたのですか？

それは，ドルトンから100年も先のことです。
原子の存在の証明に大きな役割を果たしたのが，**ブラウン運動**という現象です。

ブラウン運動？

ブラウン運動は，1827年にイギリスの植物学者，**ロバート・ブラウン**（1773～1858）が発見した現象です。
たとえば，チョークの粉などを水に溶かして顕微鏡で観察すると，不規則に運動します。これがブラウン運動です。

顕微鏡で観察したブラウン運動の軌跡

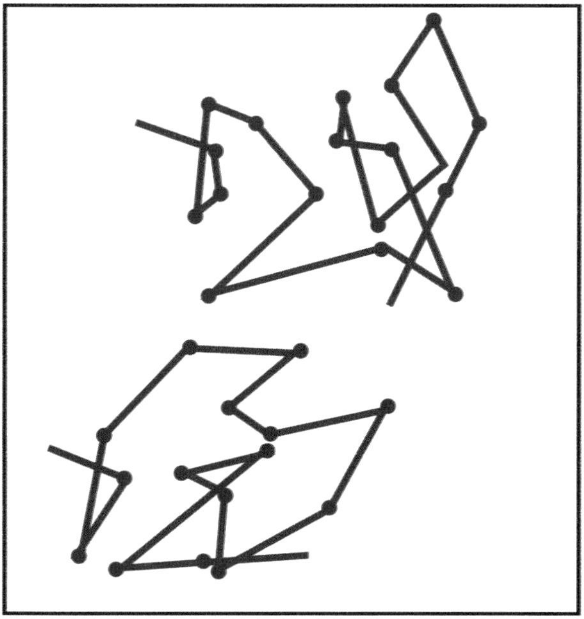

うーん，こんなよくわからない現象が，原子の存在とどう関係するのでしょうか。

ブラウン運動が，原子や分子の存在と結びついたのは，ブラウン運動の発見からおよそ80年後のことです。

物理学者**アルバート・アインシュタイン**（1879～1955）が，ブラウン運動について「不規則に運動するたくさんの**水分子**が四方八方から微粒子に衝突して，微粒子が動く」と考えたんです。

アルバート・アインシュタイン
（1879～1955）

アインシュタインは，その考えに基づいた理論を立て，さらに，フランスの物理化学者，**ジャン・ペラン**（1870～1942）が，理論の正しさを実験で証明しました。

ペランの実験などから，分子や原子の個数などが明らかになり，ついに原子や分子の存在が科学的に広く認められたのです。

原子の存在が明らかになるまで，とても長い探求の歴史があったんですね。
今では当たり前の事実が，つい最近まで科学的に証明されていなかったとはびっくりです。

原子は，原子核と電子でできている！

さて，ここからは原子の構造についてくわしく見ていきましょう。

原子の構造？

はい。原子は長らく，**物質の最小単位**であり，それ以上分割できない粒子だと思われていました。
しかし実は，原子はさらに**原子核**と**電子**という要素に分割できたのです。

げんしかく？　でんし？

次のページのイラストを見てください。これが現在明らかになっている**水素原子**と**酸素原子**の姿です。

水素原子
（原子核に陽子が1個）

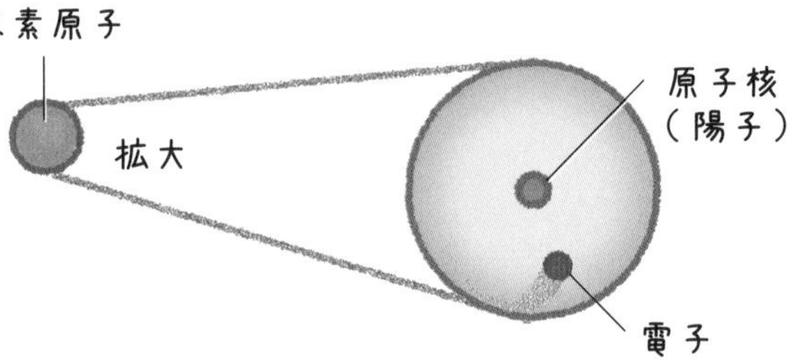

酸素原子
（原子核に陽子が8個）

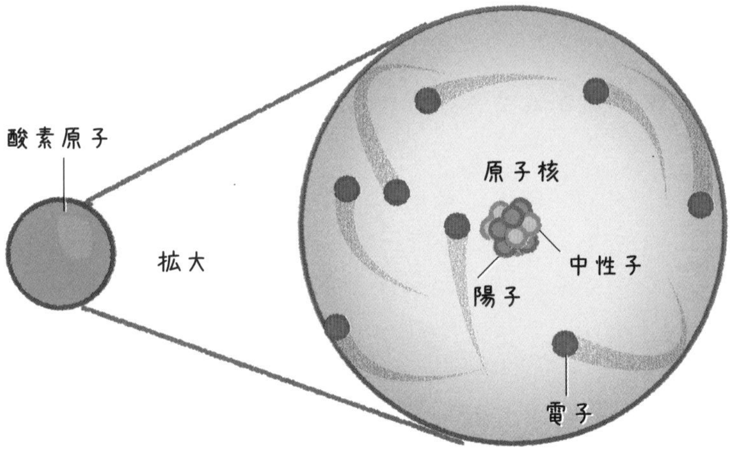

まず，原子の中心には**原子核**があります。
水素原子の原子核は，プラスの電気を帯びた**陽子**という粒子**1個**でできています。

一方，酸素原子の原子核は，陽子8個と，電気的に中性な中性子8個が合体してできています。
そして，水素原子と酸素原子，両者の原子核のまわりには，マイナスの電気を帯びた電子が飛びまわっています。

陽子，中性子，電子で原子はできているんですね。

そうです。
原子を構成する陽子と電子の数は常に同じで，一つの原子全体では電気的に中性です。
どの種類の原子であっても，このような基本構造は同じです。

原子は何種類くらいあるんですか？

人工的に合成されたものもあわせて，全部で118種類見つかっています。
原子の種類のことを元素といいます。

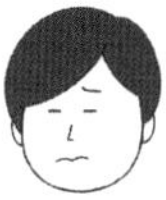

基本構造が同じなら，原子の種類（元素）は何で決まるんでしょうか？

先ほどのイラストを見てください。
水素原子と酸素原子では，原子核にある陽子の数がちがいますね。
水素原子は陽子が1個。酸素原子は陽子が8個あります。
原子の種類は，この陽子の数によって決まるんです。

ふむふむ。
原子の種類は，陽子の数で決まるっと。

ええ。各元素の陽子の数は**原子番号**とよばれています。水素であれば，陽子1個なので原子番号1。酸素であれば，陽子8個なので原子番号8です。

なるほど。

この原子番号の順番に元素を並べて表にしたものが周期表です（52～53ページ）。理科の時間などで見たこともあることでしょう。表に並んでいるアルファベットは，各元素を記号であらわした**元素記号**です。周期表については，STEP2でくわしく紹介しますね。

周期	1	2	3	4	5	6	7	8	9
1	1 H 水素								
2	3 Li リチウム	4 Be ベリリウム							
3	11 Na ナトリウム	12 Mg マグネシウム							
4	19 K カリウム	20 Ca カルシウム	21 Sc スカンジウム	22 Ti チタン	23 V バナジウム	24 Cr クロム	25 Mn マンガン	26 Fe 鉄	27 Co コバルト
5	37 Rb ルビジウム	38 Sr ストロンチウム	39 Y イットリウム	40 Zr ジルコニウム	41 Nb ニオブ	42 Mo モリブデン	43 Tc テクネチウム	44 Ru ルテニウム	45 Rh ロジウム
6	55 Cs セシウム	56 Ba バリウム	57～71 ランタノイド	72 Hf ハフニウム	73 Ta タンタル	74 W タングステン	75 Re レニウム	76 Os オスミウム	77 Ir イリジウム
7	87 Fr フランシウム	88 Ra ラジウム	89~103 アクチノイド	104 Rf ラザホージウム	105 Db ドブニウム	106 Sg シーボーギウム	107 Bh ボーリウム	108 Hs ハッシウム	109 Mt マイトネリウム
				57 La ランタン	58 Ce セリウム	59 Pr プラセオジム	60 Nd ネオジム	61 Pm プロメチウム	62 Sm サマリウム
				89 Ac アクチニウム	90 Th トリウム	91 Pa プロトアクチニウム	92 U ウラン	93 Np ネプツニウム	94 Pu プルトニウム

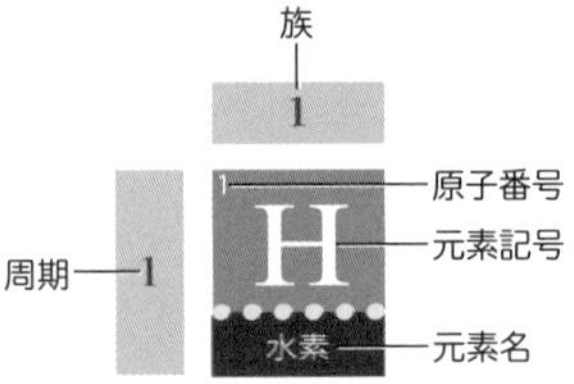

「金属」に分類される元素

「非金属」に分類される元素

注：104番以降の元素の性質は不明です。

…… 単体が気体の元素（25℃, 1気圧）

〰 単体が液体の元素（25℃, 1気圧）

—— 単体が固体の元素（25℃, 1気圧）

10	11	12	13	14	15	16	17	18 族
								2 He ヘリウム
			5 B ホウ素	6 C 炭素	7 N 窒素	8 O 酸素	9 F フッ素	10 Ne ネオン
			13 Al アルミニウム	14 Si ケイ素	15 P リン	16 S 硫黄	17 Cl 塩素	18 Ar アルゴン
28 Ni ニッケル	29 Cu 銅	30 Zn 亜鉛	31 Ga ガリウム	32 Ge ゲルマニウム	33 As ヒ素	34 Se セレン	35 Br 臭素	36 Kr クリプトン
46 Pd パラジウム	47 Ag 銀	48 Cd カドミウム	49 In インジウム	50 Sn スズ	51 Sb アンチモン	52 Te テルル	53 I ヨウ素	54 Xe キセノン
78 Pt 白金	79 Au 金	80 Hg 水銀	81 Tl タリウム	82 Pb 鉛	83 Bi ビスマス	84 Po ポロニウム	85 At アスタチン	86 Rn ラドン
110 Ds ダームスタチウム	111 Rg レントゲニウム	112 Cn コペルニシウム	113 Nh ニホニウム	114 Fl フレロビウム	115 Mc モスコビウム	116 Lv リバモリウム	117 Ts テネシン	118 Og オガネソン

63 Eu ユウロピウム	64 Gd ガドリニウム	65 Tb テルビウム	66 Dy ジスプロシウム	67 Ho ホルミウム	68 Er エルビウム	69 Tm ツリウム	70 Yb イッテルビウム	71 Lu ルテチウム
95 Am アメリシウム	96 Cm キュリウム	97 Bk バークリウム	98 Cf カリホルニウム	99 Es アインスタイニウム	100 Fm フェルミウム	101 Md メンデレビウム	102 No ノーベリウム	103 Lr ローレンシウム

原子がぶつかって「化学反応」がおきる

周期表に並んだ**118の元素はそれぞれことなる性質をもっています。**
たとえば，原子番号1の**水素（H）**であれば，酸素と結合して爆発し，水を生じる性質があります。
一方，原子番号2の**ヘリウム（He）**は，水素のように爆発はせず，燃えません。安全なので，風船や気球を浮かせるガスとして使われています。
このような性質を**化学的性質**といいます。

元素によって，化学的性質はまったくちがうんですね。
元素の化学的性質はどうやって決まるんですか？

化学的性質を決めるのは**電子の数**です。
水素（原子番号1）とヘリウム（原子番号2）は電子の数が1個ちがっているため，化学的な性質に大きなちがいがあるんです。

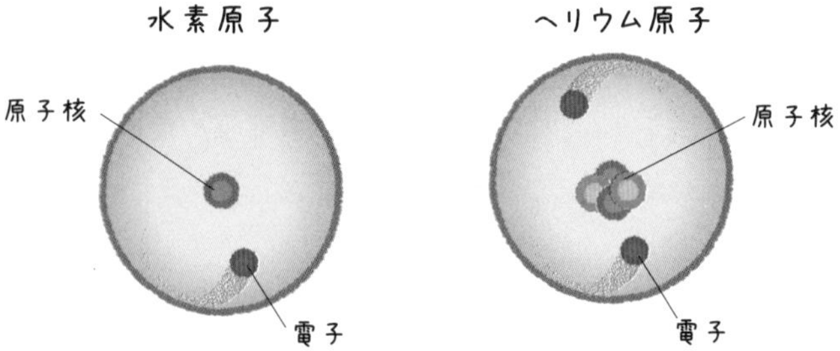

あとでもくわしくお話ししますが，電子の数によって，どのような原子と結びつきやすいのかがことなるんです。すなわち**化学反応**できる相手が変わるんです。

かっこいいワードが出ました！
化学反応！
化学反応っていうのは？

原子と原子は，衝突してくっつきあって，**分子**になることがあります。また，分子と分子が衝突してくっついたり，その衝撃で原子を放したりすることがあります。このような反応を，**化学反応**といいます。
化学反応がおきると，分子を構成する原子の組み合わせが変わり，反応の前とはまったくちがう性質の別の分子ができるんです。

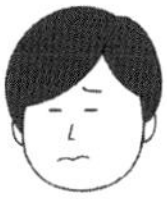

まったくちがう性質の分子？

たとえば，酸素原子二つでできた**酸素分子**と，水素原子二つでできた**水素分子**を混合して熱や電気エネルギーを加えます。すると，爆発的に反応して，水という，性質のちがう分子ができます。このような反応が，化学反応です。

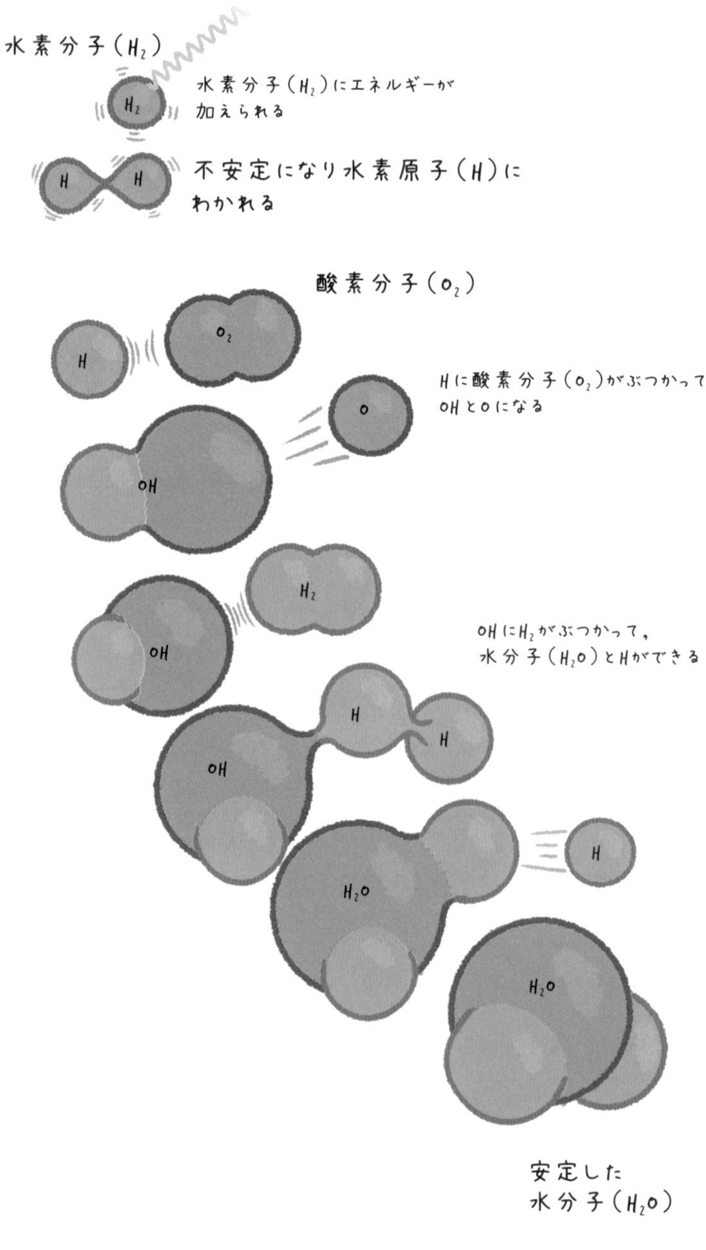
水素分子（H_2）
H_2
水素分子（H_2）にエネルギーが
加えられる
H
H
不安定になり水素原子（H）に
わかれる
酸素分子（O_2）
H
O_2
Hに酸素分子（O_2）がぶつかって，
OHとOになる
O
OH
H_2
OH
OHにH_2がぶつかって，
水分子（H_2O）とHができる
H
H
OH
H_2O
H
H_2O
安定した
水分子（H_2O）

化学反応は，日常生活の中でも普通におきています。
たとえば，ものが燃えるのは，ものが酸素と結びつくという化学反応です。また，私たちの呼吸も酸素を吸って体内のブドウ糖などの養分を燃やす化学反応です。

体の中でも化学反応がおきているんですね！

体の中では，膨大な種類の化学反応が常におきています。あらゆる生命活動は，化学反応がになっているんですよ。

水素原子には，重いものと軽いものがある

さて，**原子の構造**にもどりましょう。
原子の中心には原子核があることを見ましたね。そしてこの原子核を構成する陽子の数は，元素ごとに決まっていることをお話ししました。

たしか，陽子の数を原子番号というんでしたよね。

ええ，その通りです。また，電子の数も，陽子の数と同じなので，元素ごとに一定です。
しかし，中性子の数はそうとはかぎりません。**たとえば水素原子（H）の場合，陽子は1個と決まっていますが，中性子は0個，1個，2個の3種類があるんです。**

水素原子には細かく見ると**3種類**があるということですか？

そういうことです。
でも，天然に存在する水素原子の99.9％以上は中性子をもたないものなんですけどね。

ふむふむ。

中性子の数は，**原子の質量**に影響します。
中性子の数がちがう水素が存在するということは，重さのちがう水素原子が存在している，ということになります。

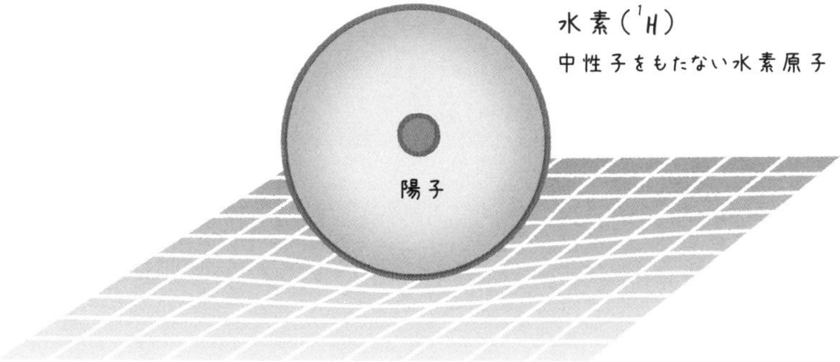

水素（^{1}H）
中性子をもたない水素原子

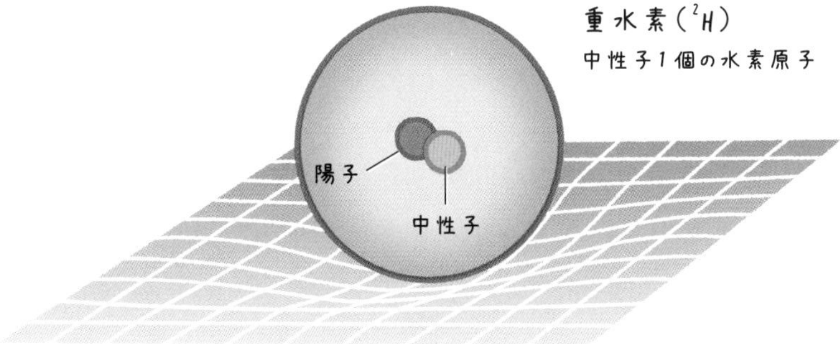

重水素（^{2}H）
中性子1個の水素原子

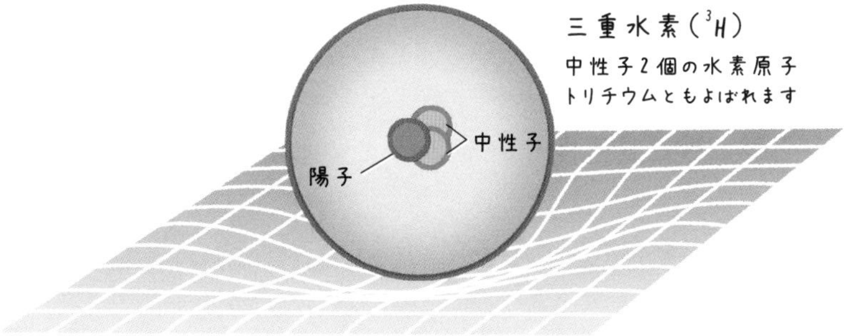

三重水素（^{3}H）
中性子2個の水素原子
トリチウムともよばれます

このように，原子番号が同じ，つまり陽子の数が同じで，中性子の数がことなるものがすべての元素でみつかっています。
そのようなものを**同位体**といいます。

同じ元素でも，中性子の数がちがうやつがいて，重さは中性子の数に応じて変わる……。
ややこしい。

原子核にある陽子の数と中性子の数の合計を**質量数**といいます。この質量数に応じて，原子の質量は決まるんです。

では，原子の化学的性質は同位体で変わるんでしょうか？

電子の数は同位体間で変わらないので，化学的な性質はとてもよく似ています。
ただし，同位体の中には，放射線を放出して別の元素に変わってしまうという特徴をもつものもいます。

ほうしゃせん？

はい。
たとえば，中性子の数が2個の水素原子（三重水素，$^{3}\mathrm{H}$）は，自然界では宇宙線と大気の衝突によってつくられます。**ベータ線**という放射線を出すことで中性子1個が陽子に変化し，別の原子核（ヘリウム3，$^{3}\mathrm{He}$）に変化します。
このように放射線を出す同位体を，**放射性同位体**といいます。

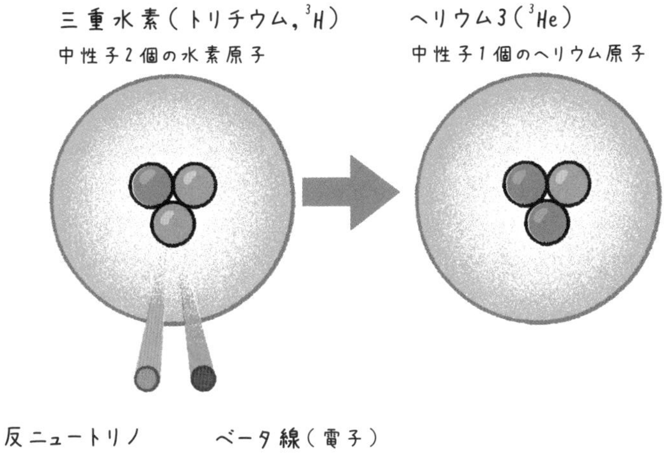

むむむ，むずかしい。

このような放射性同位体は，さまざまな利用がされています。

たとえば，**がん検査**です。

がん患部に集まりやすい薬品に放射性同位体をくっつけておき，経口薬や注射で体内に入れます。

その後，放射線を写す特殊な機器で体内を撮影すると，がんの位置や大きさが明らかになります。

なるほど！　すごい！

ほかにはどんなところで活用されているんでしょうか？

化石の**年代測定**にも放射性同位体が利用されています。たとえば，陽子6個，中性子8個をもつ**炭素14**という放射性同位体は，放っておくと，放射線を出して**窒素原子**へと変わります。

ふむふむ。

炭素14は，私たちの体の中にも一定の割合含まれています。
しかし，生物が死ぬと，炭素14はどんどん崩壊して，時間とともに減っていくんです。
そこで，炭素14が何％残っているのかを調べることで，化石の元となった生物がどれくらい前に死んだのかを推定することができるんです。

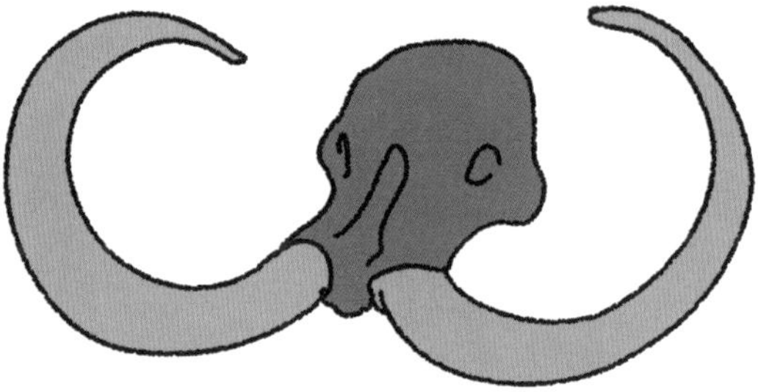

放射線同位体は，いろんなところで活躍しているんですね。

膨大な原子や分子の数をあらわす単位「モル」

さて，1時間目STEP1の最後に，原子や分子の**質量**や**数**のあらわしかたを習得しましょう。
少しむずかしいかもしれませんが，がんばってついてきてください。

質量や数？
特別なあらわしかたがあるんですか？
普通に原子1個の質量や，原子の個数を使えばよくないですか？

それはちょっと不便です。
まず，原子1個の質量はきわめて小さいものです。
炭素原子1個であれば，質量は，およそ**2×10^{-23}グラム**です。

ちっさすぎです！

ですから，原子1個の質量を実際の数値であらわすのは実用的ではありません。

じゃあ，どうするんですか？

そこで，質量数（陽子と中性子の個数の合計）12の炭素原子の重さを12と決めて，これを基準に各原子の質量を比であらわす方法がとられています。
これを原子量といいます。
たとえば，水素原子（H）の原子量は1，酸素原子（O）は16となります。

原子量……。またやっかいそうなものが……。

原子量1の水素原子と，原子量12の炭素原子で質量を比べると，同じ個数のときは，炭素原子の方が12倍重いわけですね。

ふぅむ。そういえば，炭素や水素の原子量って質量数と同じですよね？
原子量と質量数って同じなんですか？

原子量は陽子と中性子の個数の合計（質量数）とだいたい同じになります。
ただ，ちょっとむずかしいですが補足です。
同位体（中性子の数がことなる原子）が存在して，同じ元素の中に質量数がちがうものが存在することがあります。

やっかいですね。

たとえば，炭素であれば，質量数12の炭素が大半を占めますが，質量数13の同位体も全体の0.96～1.16％存在しています。
そこで，このような元素の**原子量**は，各同位体の存在比と質量数をふまえて計算して求められます。
そのため，炭素の原子量は，厳密には12ではなく，12.0096～12.0116となります。原子量はきれいな整数にはならないんですよ。

むむむ，むずかしい！

まぁ，ともかく，原子の重さをあらわすときは，**原子量**を使うことを覚えておいてください。
それから，複数の原子がくっついてできた分子の場合，分子を構成する原子の原子量を足したものを**分子量**として使います。
たとえば，水素原子二つ，酸素原子一つからなる水分子（H_2O）の場合，分子量は，水素原子の原子量2個分（1×2）と酸素原子の原子量16を足した**18**です。

分子量は，その構成要素の原子量を足すのか。

原子や分子の質量についてはこんな感じです。
では次に，原子や分子の**数え方**に行きましょう！　原子や分子は，個数を1個1個数えることはむずかしいです。
たとえば，スプーン1杯の水（15グラム）は，水分子がおよそ**5×10^{23}個**集まったものです。
ちょっと多すぎて実際の個数はあつかいづらいんです。

めっちゃ多い！
たしかに膨大すぎて，個数では考えづらそうです。

そこで，**モル**という単位を使います。
1モルは，原子や分子が**6.0×10^{23}個**集まったものです。
つまり，**1.2×10^{24}個**の原子が集まれば，**2モル**とあらわせます。**3.0×10^{23}個**であれば，**0.5モル**です。
モルを使えば，原子や分子の数をシンプルにかきあらわすことができるんです。

なるほど。
6.0×10^{23}個をひとまとまりとして数えるんですね。
それにしても，6.0×10^{23}個って中途半端ですね。

ええ。
6.0×10^{23}は**アボガドロ数**といいます。
なぜ，こんなに中途半端な数を使うのか。
それは，6.0×10^{23}個の原子・分子が集まると，その集団の質量（単位はグラム）がちょうど原子量・分子量と等しくなるからなんです。
たとえば6.0×10^{23}個（1モル）の炭素原子の質量は，炭素の原子量が12なので，12グラムです。
1.2×10^{24}個（2モル）の炭素原子であれば，24グラムとなります。

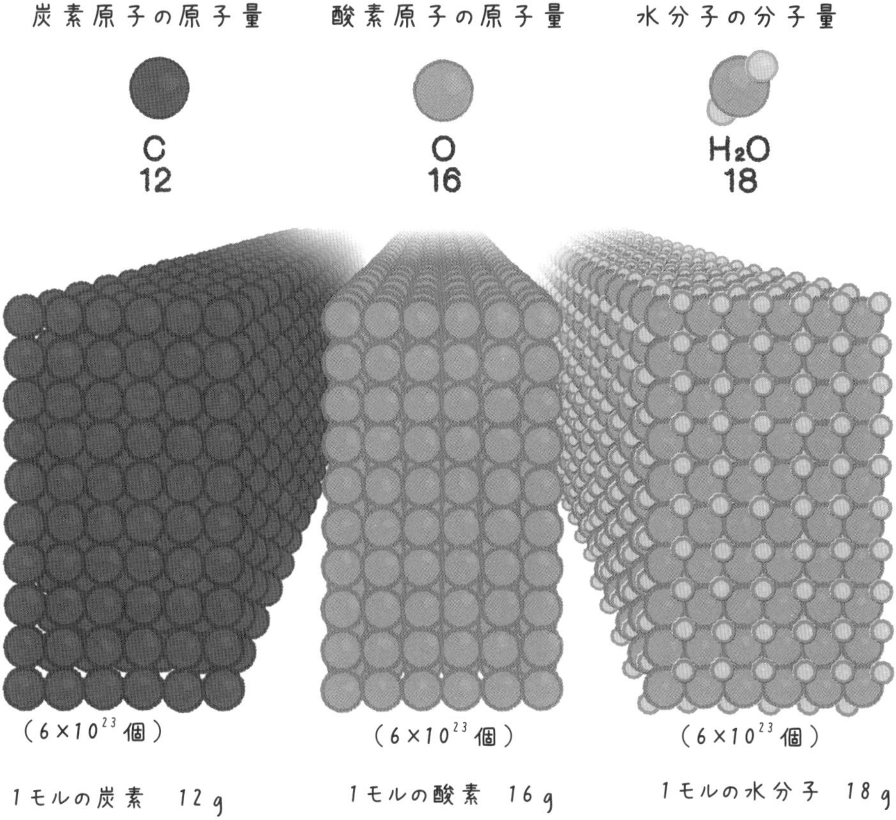

なるほど。

うまくできていますね。

ともかく原子や分子の個数は，6.0×10^{23}個をひとかたまりで考える，ということ覚えておきます！

偉人伝❶

原子説をとなえた，ジョン・ドルトン

イギリスの化学者，ジョン・ドルトン(1766～1844)。原子説を提唱し，元素についての考えを大きく飛躍させました。

ジョン・ドルトンは，1766年，イギリスのイーグルスフィールドで，クェーカー教徒の家庭に生まれました。家は貧しく，また，ドルトンは生まれつき色覚異常でした。

地元の学校で初等教育を受け，12歳になると，引退した教師のかわりに，その学校で教師としてはたらきました。ドルトンは医師か法律家になることを望みましたが，イギリスでは異教徒であったため，大学に進むことができませんでした。

自らの色覚異常を研究

1793年にマンチェスターに移ると，ドルトンは，マンチェスター文学哲学協会に参加します。そこで，自然科学の研究に取り組むようになりした。

ドルトンが初期に発表した論文には，自らの色覚異常に関するものがあります。論文の内容がすべて正しいとはいえませんが，色覚異常を科学的に調べた先駆的な研究でした。そのため，先天性色覚異常は「ドルトニズム」ともよばれます。

ほかにも，気象学に関心をもち，研究結果を発表しています。ドルトンは，風速や気圧，天気などを毎日記録し，記録を取りはじめてから57年間で，20万以上の観測記録を残しました。

化学を大きく発展させた原子説

ドルトンの名を最も高めたのが，原子についての研究です。1808年，ドルトンは『化学哲学の新体系』の中で原子説を提唱します。原子説は，「すべての元素は，それ以上分割できない粒子（原子）でできている」という考えです。さらに，彼は水素を基準に，当時知られていた各元素の質量を求め，一覧にして発表しました。ドルトンの原子説は，化学の基礎理論となり，化学を大きく発展させるものでした。

原子説を発表後もドルトンは研究をつづけました。しかし，晩年は脳梗塞を発症し，しゃべるのに苦労したといわれています。1844年，ドルトンは，自宅で脳卒中によって亡くなりました。

記号	原子量（かっこ内は現在のもの）	記号	原子量（かっこ内は現在のもの）
水素	1 (1.008)	カリウム	42 (39.098)
窒素	5 (14.007)	Ⓘ 鉄	38 (55.845)
炭素	5 (12.011)	Ⓩ 亜鉛	56 (65.38)
酸素	7 (15.999)	Ⓒ 銅	56 (63.546)
リン	9 (30.974)	Ⓛ 鉛	95 (207.2)
硫黄	13 (32.065)	Ⓢ 銀	10 (107

偉人伝❷

アボガドロ数に名を残す，アメデオ・アボガドロ

イタリアの科学者，アメデオ・アボガドロ（1776～1856）は，酸素や水素などの気体が分子で存在することを，はじめて示しました。

ボルタ電池の開発に刺激を受けた

アボガドロは，1776年にサルデーニャ王国（現イタリア）のトリノで，貴族の家系に生まれました。父親のフィリッポ・アボガドロは，伯爵の称号をもつ，法律家でした。アボガドロもトリノ大学で教会法を学び，卒業後しばらく，法律家としてはたらきました。

1800年，アレッサンドロ・ボルタが電池を開発しました。アボガドロは，これに大きな刺激を受けます。そこで，アボガドロは法律家をやめ，自然科学の勉強・研究に取り組むようになりました。

気体は二つの原子が結合した分子でできている

アボガドロは，原子の振る舞いについて関心をいだいていました。1811年，アボガドロは，二つの重要な考えを提案します。一つは今日，アボガドロの法則の名で知られる法則で，「同じ温度，同じ圧力，同じ体積の気体には，同じ数の分子が含まれる」というものです。もう一つは，気体は，単一の原子でなく，同じ種類の原子が二つ結合した分子の状態で存在する，という考えです。

当時，ドルトンの原子説では，うまく説明できない現象が

ありました。たとえば，水素と酸素が反応して，水ができるとき，その体積比は水素：酸素：水＝2：1：1になります。しかし，ドルトンの考えでは，体積比は1：1：1となるはずでした。アボガドロが分子の考え方を導入することで，この矛盾を解決することに成功しました。

ただし，アボガドロの考えは，発表当時はなかなか受け入れられませんでした。世間に評価されたのは，アボガドロの死後のことです。

化学における最も重要な数にアボガドロ数があります。これは1モルに含まれる分子や原子の数で，6.02×10^{23} です。アボガドロ数という名前は，アボガドロの死後に，その業績を讃えてつけられました。

STEP 2

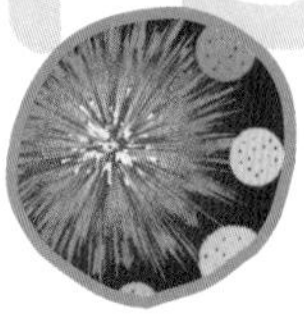

周期表を読み解こう！

原子の種類（元素）を，性質のちがいで分類したものが「周期表」です。周期表を見れば，元素の性格が一目でわかります。ここでは，周期表と，それぞれの元素の「性質」について見ていきましょう。

全元素を性質ごとに並べた周期表

ここからのテーマは，**周期表**です。

周期表って，STEP1にも登場しましたよね。
元素を順に並べたものでしたね。

その通りです。
周期表は，すべての元素をその化学的な性質のちがいによって並べたものです。
縦の列を**族**，横の列を**周期**といいます。
同じ縦の並び（族）の元素の化学的性質は似たものになっています。
ですから，周期表を見れば，元素の性質が一目で推測できるようになっているんです！

へぇ，周期表は単に，元素を順番に並べただけじゃなくて，性質ごとに整理されているんですね！
それはすごい！

memo

元素周期表

族

周期＼族	1	2	3	4	5	6	7	8	9	10	11	12	13	14	15	16	17	18
1	1 H																	2 He
2	3 Li	4 Be											5 B	6 C	7 N	8 O	9 F	10 Ne
3	11 Na	12 Mg											13 Al	14 Si	15 P	16 S	17 Cl	18 Ar
4	19 K	20 Ca	21 Sc	22 Ti	23 V	24 Cr	25 Mn	26 Fe	27 Co	28 Ni	29 Cu	30 Zn	31 Ga	32 Ge	33 As	34 Se	35 Br	36 Kr
5	37 Rb	38 Sr	39 Y	40 Zr	41 Nb	42 Mo	43 Tc	44 Ru	45 Rh	46 Pd	47 Ag	48 Cd	49 In	50 Sn	51 Sb	52 Te	53 I	54 Xe
6	55 Cs	56 Ba		72 Hf	73 Ta	74 W	75 Re	76 Os	77 Ir	78 Pt	79 Au	80 Hg	81 Tl	82 Pb	83 Bi	84 Po	85 At	86 Rn
7	87 Fr	88 Ra		104 Rf	105 Db	106 Sg	107 Bh	108 Hs	109 Mt	110 Ds	111 Rg	112 Cn	113 Nh	114 Fl	115 Mc	116 Lv	117 Ts	118 Og
				57 La	58 Ce	59 Pr	60 Nd	61 Pm	62 Sm	63 Eu	64 Gd	65 Tb	66 Dy	67 Ho	68 Er	69 Tm	70 Yb	71 Lu
				89 Ac	90 Th	91 Pa	92 U	93 Np	94 Pu	95 Am	96 Cm	97 Bk	98 Cf	99 Es	100 Fm	101 Md	102 No	103 Lr

周期

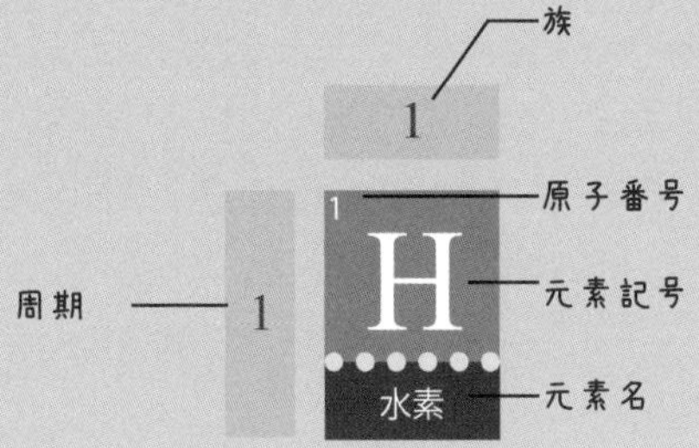

いったいいつ，だれが周期表をつくったんでしょうか？

周期表は，ロシアの化学者，**ドミトリ・メンデレーエフ**（1834 ～ 1907）が，1869年に考えついたものです。
当時，**63個の元素**が発見されており，原子量が小さい順に並べると，似た性質をもつ気体や金属の元素が周期的にあらわれることがわかっていました。
メンデレーエフ以前にも，らせん状に元素を並べたり，音符になぞらえて元素を整理したりする考えが発表されていましたが，いずれも広く認められることはありませんでした。
だれも，63個の元素を明確に整理することはできていなかったのです。

ふむふむ。

ロシアのサンクトペテルブルク大学の化学教授だったメンデレーエフは，執筆中の化学の教科書の中でどのように元素を紹介するか，悩んでいました。
あるとき，メンデレーエフは**元素の重さ**と，好きな**カードゲーム**との関連を思いつきました。
早速，メンデレーエフは白紙のカードを取りだして，元素の名前と原子量などを書き留めました。そして，似た性質をもつ元素のグループごとに，原子量が大きくなる順に並べていった結果，**『元素周期表』**が完成したのです。

周期表はカードゲームでひらめいたんですか!?
面白いですね！

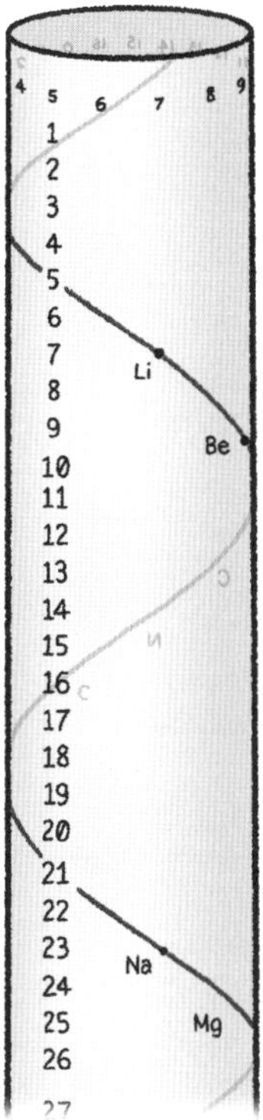

らせん状に並べることで法則性に近づいた

1862年にフランスのアレクサンドル・ド・シャンクルトワ（1820～1886）は「地のらせん」を発表しました。元素をらせん上に並べると，性質が似ている元素が垂直に並ぶというものです。しかし「数秘学」という，いわば数学の錬金術をもちだして説明がされていてむずかしく，さらに円柱の図もはぶかれていたため，ほとんどの人には理解されませんでした。

音符になぞらえると性質が説明できた

イギリスの化学者ジョン・ニューランズ（1837～1898）は，1864年に独自の法則をみつけだしました。最初の元素から8番目の元素が最初の元素に似ているという「オクターブの法則」を発表しましたが，原子量の大きい元素にはあてはまらず，認められませんでした。

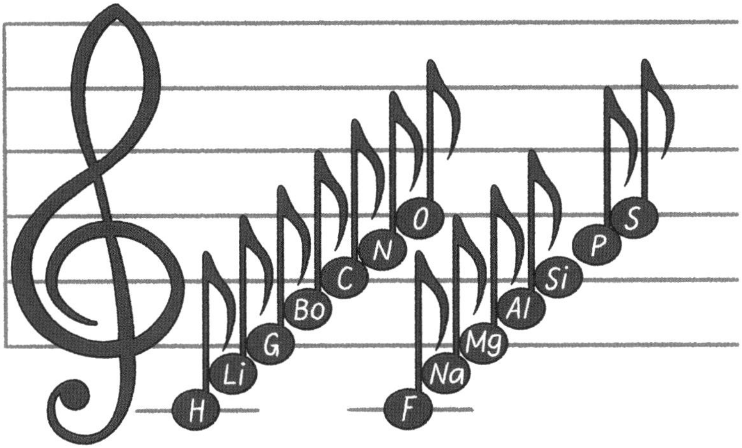

彼がすぐれていたのは，当時，**適当な元素が存在しない部分を空欄にして，入るべき元素の原子量や性質を予言していたことです。**

空欄に……。
メンデレーエフさんの予言は当たったんですか？

はい，1875年に**ガリウム**が，1879年に**スカンジウム**が，1886年に**ゲルマニウム**が発見され，その性質はみごとにメンデレーエフの予言と一致していました。

メンデレーエフさんすごい！

発表直後は，周期表はあまり科学者に認められませんでした。しかし，予言の的中によって，メンデレーエフの周期表の正当性が証明され，広く受け入れられるようになったのです！

メンデレーエフの周期表

	I	II	III	IV	V	VI	VII	VIII		
1	H =1									
2	Li =7	Be =9.4	B =11	C =12	N =14	O =16	F =19			
3	Na =23	Mg =24	Al =27.3	Si =28	P =31	S =32	Cl =35.5			
4	K =39	Ca =40	? =44	Ti =48	V =51	Cr =52	Mn =55	Fe =56	Co =59	Ni =59
5	Cu =63	Zn =65	? =68	? =72	As =75	Se =78	Br =80			
6	Rb =85	Sr =87	Yt =88	Zr =90	Nb =94	Mo =96	? =100	Ru =104	Rh =104	Pd =106
7	Ag =108	Cd =112	In =113	Sn =118	Sb =122	Te =125	J =127			
8	Cs =133	Ba =137	Di =138	Ce =140	?	—	?	—	—	—
9	—	—	—	—	—	—	—			
10	?	—	Er =178	La =180	Ta =182	W =184	—	Os =195	Ir =197	Pt =198
11	Au =199	Hg =200	Tl =204	Pb =207	Bi =208	—	—			
12	?	—	—	Th =231	—	U =240	—	—	—	—

注：メンデレーエフの周期表のIII族，第8周期にあるジジミウム（Di）は，現在の周期表にはない元素です。1885年に，ジジミウムはプラセオジム（Pr）とネオジム（Nd）の混合物であることがわかりました。

周期表は150年間進化しつづけてきた

周期表は，150年も前にメンデレーエフさんがつくりあげたんですね。

ええ。でも，周期表はメンデレーエフが考えてから，そのままではないんですよ。150年をかけて**進化**をつづけてきたんです。

し，進化!?

はい。周期表は，当時見つかっていなかった元素をたくさん吸収してきました。
たとえば，1890年代に**分光分析**という新しい方法によって，**ネオン**や**アルゴン**といった新元素が次々と発見されました。
これらの元素は当時知られていたどの元素ともことなる性質をもっていたため，科学者たちは大いに頭を悩ませました。
メンデレーエフの周期表はまちがっていると主張する者さえ出てきたのです。

周期表に取り入れるのがむずかしい元素が見つかってしまうなんて。大幅な修正が必要になったんでしょうか？

いえいえ。メンデレーエフの周期表の基本を変える必要はありませんでした。

周期表に新たな列，すなわち族を追加することで，これらの元素を周期表に吸収できることがわかったのです。
その後も新しい元素が発見されるたびに議論がなされ，周期表にあてはめられてきました。

ほぉー，メンデレーエフさんが考えた周期表は，基本を変えることなく，たくさんの元素を吸収してきたんですね。

ええ。メンデレーエフが周期表を作成した当時発見されていた元素は63個でしたが，現在では**118個**までふえています。
周期表は150年以上，科学の進歩とともに少しずつ形を変えながらも，大きな書き直しをせまられることなく，倍近い元素を吸収してきたことになります。
そして現在でも最先端の元素研究を反映しながら，周期表は化学の“ガイドマップ”として，重要な役割を果たしています。

外側にある電子が，元素の性質を決める

先ほども述べましたが，周期表では，似た性質の元素が同じ縦の列に並ぶように配置されています。
つまり，似た元素が一目でわかるようになっています。

周期表って，原子番号の順に元素が並んでいるですよね。なぜ都合よく，同じ縦の列に似た性質の元素がくるようになっているんでしょうか？

それは周期表を読み解く上で，**非常に重要なポイント**です。
原子の構造をもとに，なぜ周期表で同じ縦の列の元素の化学的性質が似ているのか，解説しましょう！

お願いします！

原子は，原子核のまわりを電子が飛びまわる構造をしています。ただしこの電子は，原子核のまわりを自由気ままに飛びまわっているわけではありません。
電子は，決まった領域の上を運動しています。

決まった領域？

はい。電子は，**電子殻**とよばれるいくつかの層にわかれて存在しているんです。
電子殻には，内側から順番に**K殻**，**L殻**，**M殻**……というように，K以降のアルファベット順の名前がつけられています。

でんしかく……。

それぞれの電子殻には，**K殻に2個**，**L殻に8個**，**M殻に18個**というように，電子の入れる数，すなわち**定員**が決まっています。

外側の電子殻ほど，定員が多いということでしょうか。

酸素原子

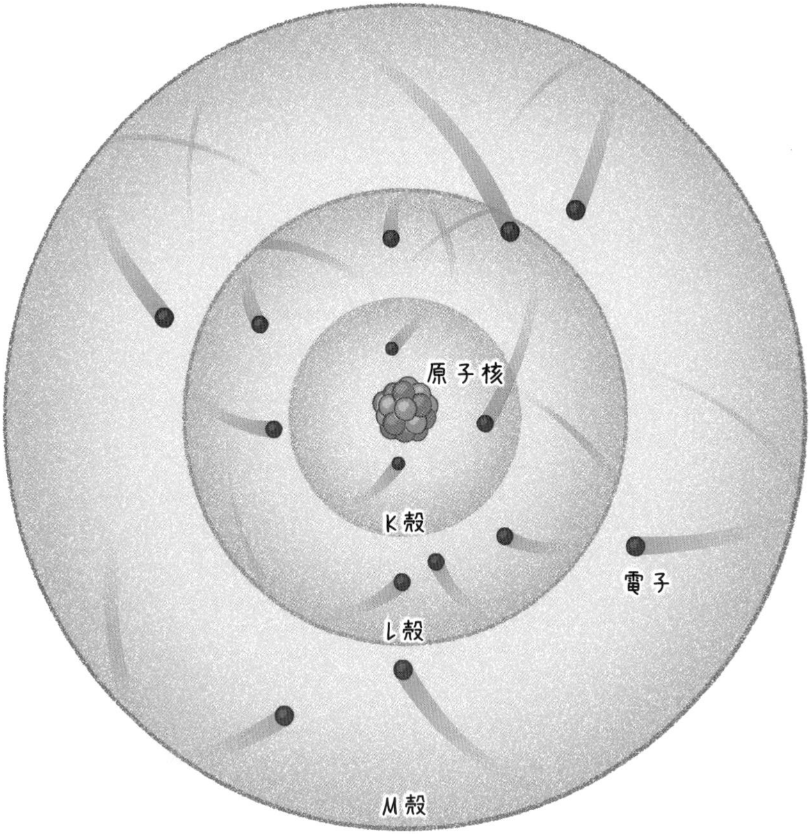

そういうことです。

そして電子は，基本的には内側の電子殻から先に入っていきます。

電子の数は，元素によってことなるので，どこの電子殻まで電子が入るのかは，元素によってことなります。

ぐぬぬぬ。
む，むずかしい。

では，具体的に原子番号9のフッ素の電子配置を見てみましょう。

原子番号9のフッ素は，**9個の電子**をもっているんですね。

その通りです。
電子殻に注目すると，定員2の**K殻**には，**電子が2個**おさまっています。そして，その外側にある定員8の**L殻**には，**電子が7個**おさまっています。

フッ素（F）の原子

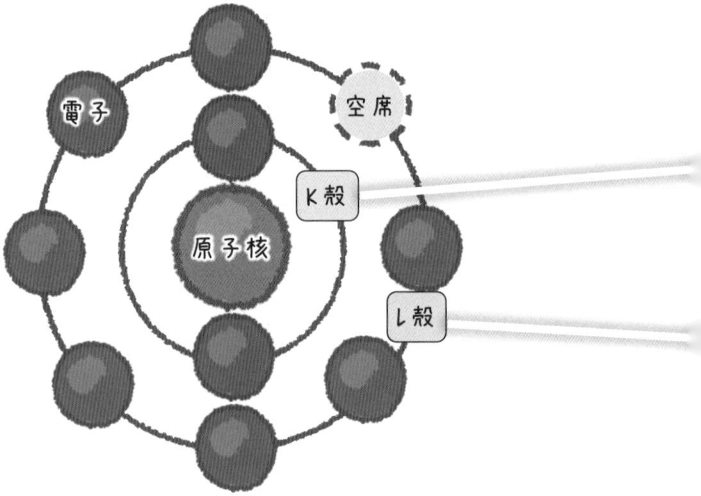

内側から埋まっていくから，電子が存在するのはL殻までなんですね。

その通りです。
フッ素のL殻のように，電子が入っている最も外側の電子殻を**最外殻**といいます。

さいがいかく……。

この最外殻にある電子が，**超重要**です。
というのも，最外殻にある電子が，別の原子や分子と反応をおこす張本人だからです。

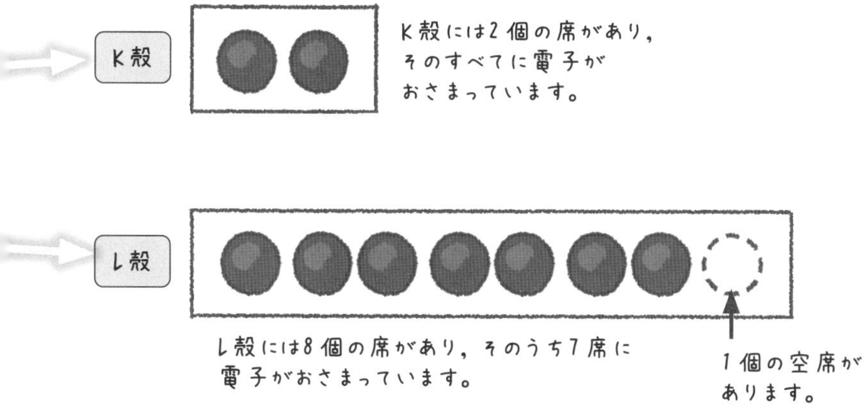

そのため，原子の化学的な性質は，最外殻の電子の数によって大きく左右されるんです！

フッ素だったら，最外殻の電子は7個ということですね。

ええ，そうです。
では，最外殻に注目して，改めて周期表を眺めてみましょう。

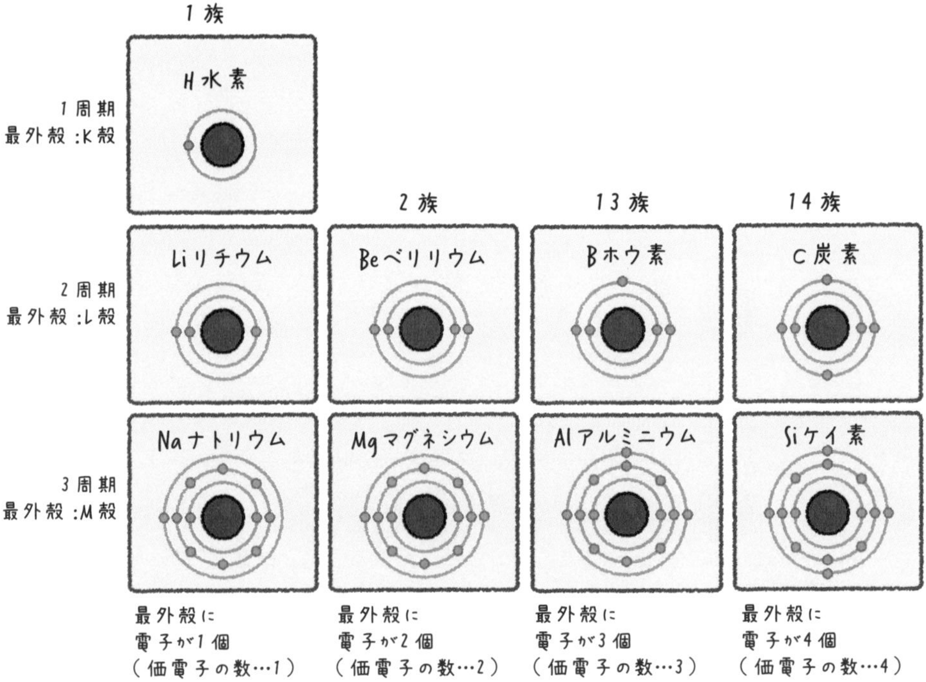

まず，周期表の横の列には，同じ最外殻の元素が並んでいます。

第1周期の水素とヘリウムは，最外殻がK殻です。第2周期の元素は，最外殻がL殻です。そして第3周期の元素は，最外殻がM殻です。

なるほど，同じ周期の元素は，最外殻が同じなのか。

次に周期表の縦の列を見てみましょう。
1族の元素は，最外殻にある電子の数が1個です。
2族の元素は，最外殻の電子が2個です。
そして13族の元素は，最外殻にある電子の数が3個です。

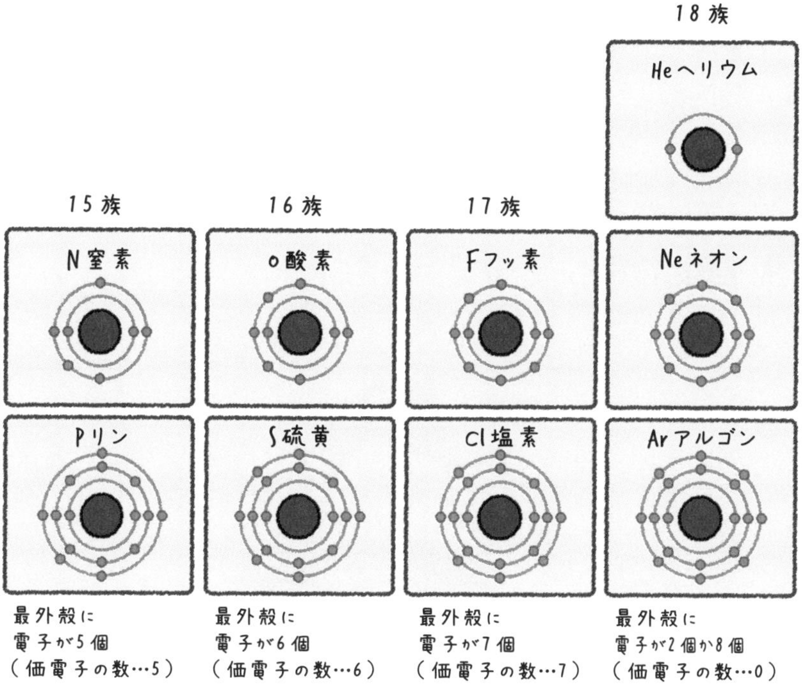

あっ，**同じ縦の列の元素は，最外殻にある電子の数が同じなんですね！**

その通りです。
周期表の同じ族の元素どうしは，化学的な性質が似ています。これは，最外殻にある電子の数が同じだからなんです。
1～17族の元素の最外殻にある電子は，化学反応に大きくかかわるため，特別に**価電子**とよばれます。
なお，最外殻がすべて埋まると元素は安定した状態になります。

周期表では，最外殻にある電子の数が同じ元素を，縦の列に並ぶように配置することで，性質の似た元素が一目でわかるようになっているんですね。

そういうことです！

周期表ってすごいな！

水とも反応する！ 過激な性格の1族元素

さて，ここからは，グループごとに元素の性質を見ていきましょう。
まずはじめは，一番左側の**1族元素**です。水素をのぞく1族元素は，**アルカリ金属**とよばれます。

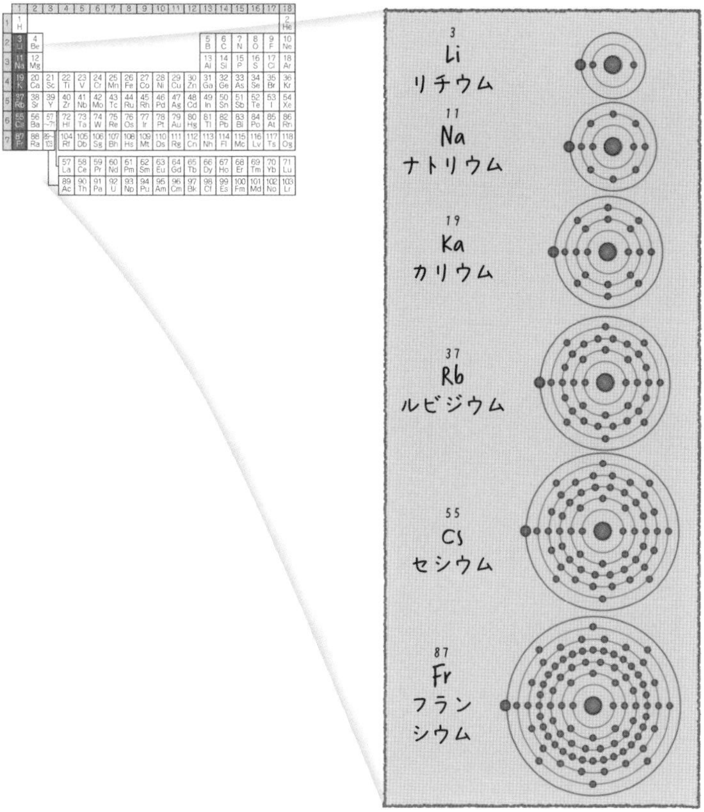

ふむふむ。

アルカリ金属は，金属でありながら，やわらかくて軽いという特徴があります。金属リチウムや金属ナトリウムなどは，ナイフで切ることだって可能です。
また，アルカリ金属の重要な特徴として，**反応性が非常に高い**ことがあげられます。

反応性が高いとは，どういうことですか？

たとえば，水でぬらした紙の上に**ナトリウム**や**カリウム**をのせると，はげしく炎をあげます。

リチウム（Li）
水とはおだやかに反応して，発火しません。

ナトリウム（Na）
爆発的に発火し，水素ガスを発生させます。黄色い炎が見えます。

カリウム（K）
はげしく反応して，反応熱で融解します。発生した水素がはげしく燃えます。紫色の炎が見えます。

注：ルビジウム（Rb）とセシウム（Cs）は，爆発的な反応をおこして危険なため，通常このような実験は行われません。

えっ，水に触れると，炎をあげるんですか！？
水に近づけないようにしなくてはいけませんね。

空気中の水分とも反応してしまうから，水に近づけないだけじゃだめです。
保存も，単にビンの中に入れるわけにはいかず，リチウムやナトリウム，カリウムは**油の中**に保存します。

油の中!?
それは手間ですね。

さらに，原子番号が大きい**ルビジウム**や**セシウム**は空気中の水分や酸素と爆発的に反応します。
そのため，油の中ではなくて，**空気を抜いた管**の中に閉じこめ，空気にふれることがないよう，厳重に保管されます。

ふぁー，なぜ1族元素はそんなに反応性が高いんですか？

それは，最外殻にある電子が一つだけだからです。
原子は，最外殻がすべて埋まった状態になると安定した状態になります。**そのため，アルカリ金属に属する元素は，最外殻の電子をほかの原子にわたすと，内側のすでに“席”が埋まっていた電子殻があたかも最も外側の電子殻のようになり，安定した状態になります。**

つまり，アルカリ金属は最外殻の1個の電子をほかの原子にわたしやすいんです。化学反応は電子のやりとりによって行われますから，アルカリ金属はとても反応しやすいということなんです。

アルカリ金属は，最外殻に一つだけある電子を，すぐにほかの原子にあげて反応してしまうわけですね。

取り扱い注意ですね！

はい，その通りです。

まぁ，取り扱う機会はなさそうですが……。

いろんな物質をつくる，14族元素

次に紹介するのは，14族元素です。

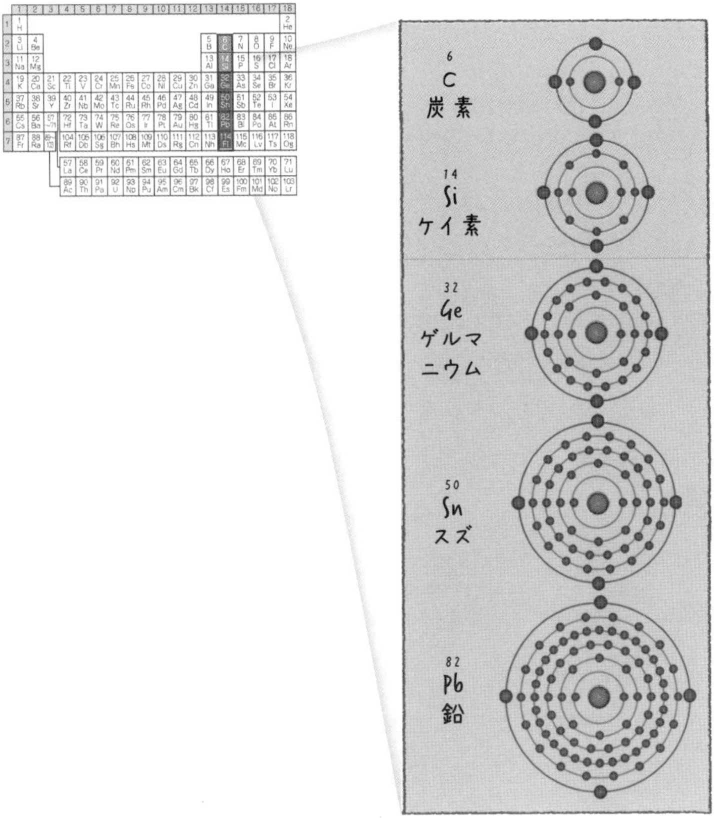

14族の元素にはどのような特徴があるんですか？

14族の大きな特徴は，価電子を四つもつことです。つまり，4本の手を使ってさまざまな原子と結びつくことができるのです。それによって，多様な物質を形成したり，さまざまな結晶の形をとることができます。

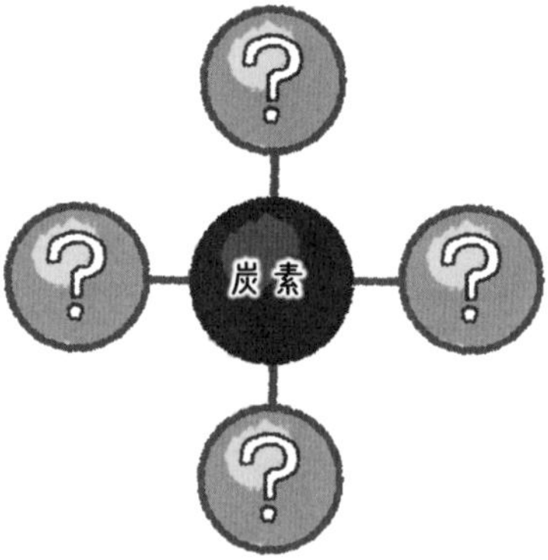

多様な物質？

ええ。たとえば炭素は，酸素と結びつき**二酸化炭素**を，また窒素などと結びつき**アミノ酸**を構成することができます。
また，タンパク質やDNAをはじめ，私たちの生命にとって，欠くことのできない物質の多くは，炭素を主要な成分としています。

二酸化炭素
(CO_2)

炭素は**私たちの体**をつくっているんですね！

はい。このあたりは4時間目にもくわしく説明しますので，楽しみにしておいてください。
それから，炭素は，**石炭**や**石油**などの化石燃料として利用され，最近では**カーボンナノチューブ**として，ナノテクノロジーを牽引しています。

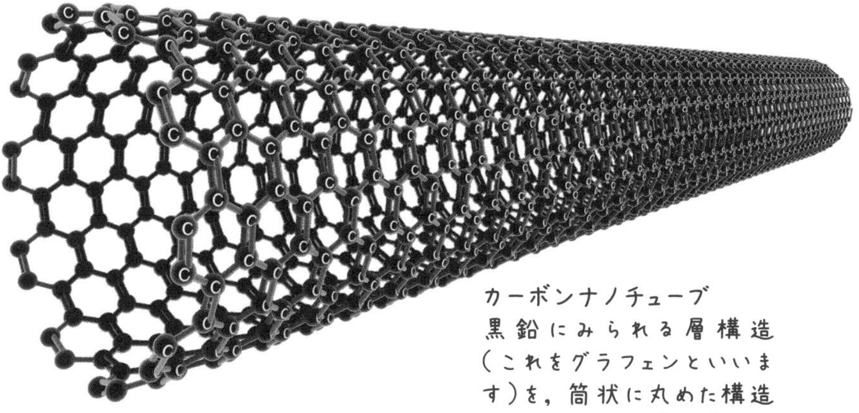

カーボンナノチューブ
黒鉛にみられる層構造（これをグラフェンといいます）を，筒状に丸めた構造をもちます。強度の高いワイヤーや，新しい半導体などの材料として研究が進められています。

炭素すごいや!
ほかの14族元素はどうなんでしょうか?

14族の**ケイ素**も同じように**四つの手**を使いながらほかの原子と結合します。
地球上では酸素についで2番目に多い元素です。
ケイ素は昔から,ガラスやセメントとして利用されてきました。20世紀後半からは,半導体(携帯電話など)や太陽電池にも使用されています。

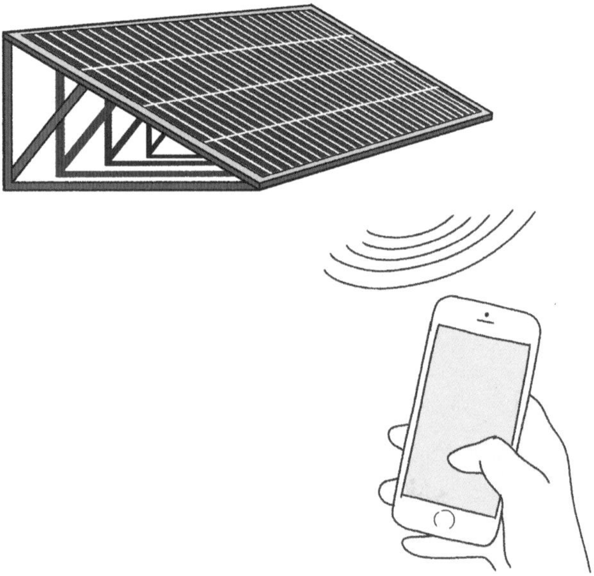

14族の炭素とケイ素が,私たちの現代の生活を支えているんですね。

だれとも反応しない，静かな18族元素

次は，**18族元素**です。周期表の一番右側にある元素たちですね。
18族元素は**貴ガス**ともよばれます。

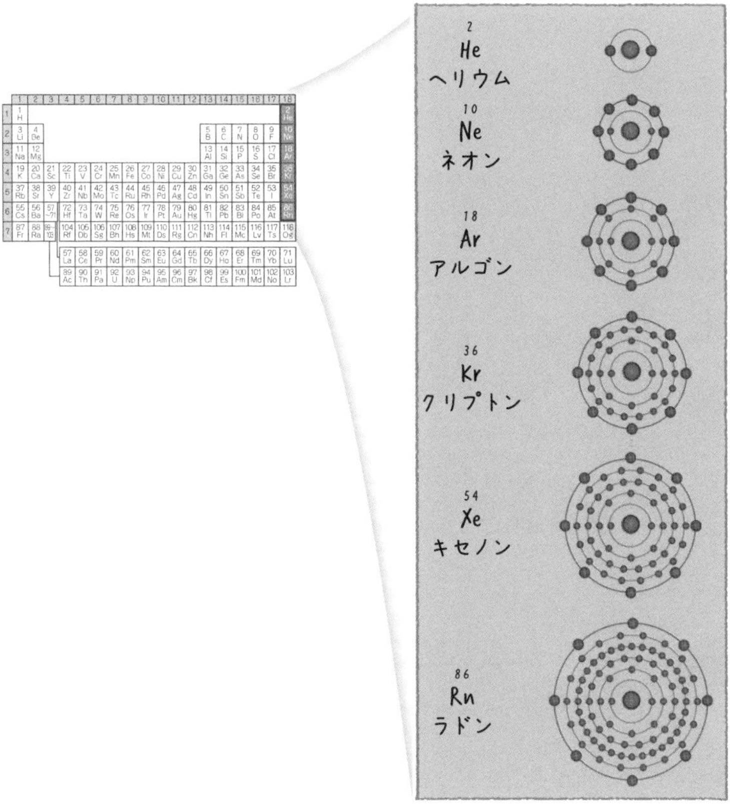

18族元素はどんな特徴をもっているんだろう？

18族元素の最も大きな特徴は，**ほかの元素と反応しづらいことです。**

なぜ18族元素はほかの元素と反応しづらいんでしょうか？

その理由は**電子配置**にあります。先ほども原子は最外殻がすべて埋まった状態になると安定になると話しましたが，**貴ガスの最外殻には空席がなく，電子が定員いっぱいに満たされています。**
そのため，電子をうばったり，うばわれたりしなくても非常に安定で，ほかの原子と反応する必要がないのです。

そっか，最外殻がいっぱいだから，電子のやりとりをあまりしないんですね。

ええ。貴ガスは原子1個で安定であるため，1個の原子のままガスとして存在しています。
また，沸点や融点が低く，固体や液体の状態になりにくいという性質もあります。たとえばヘリウムの沸点は**マイナス268.934℃**で，すべての元素の中で最も低い値です。

マイナス268.934℃!?
そんな低い温度で沸騰するとは……。

貴ガスは，その反応のしにくさを利用して，さまざまなものに使われています。たとえば空気より軽い**ヘリウム**は，火を近づけても燃えることがないため，飛行船や気球，風船などに使われます。

燃えない

ヘリウムガスは空気よりも軽いため，気球や飛行船，風船などに使われています。

また，体に入っても体内の物質と結びつくことはなく，体に悪影響をおよぼさないとされています。

そこで，**深海潜水用のボンベ**などにもまぜられています。深海にもぐったとき，体に高圧がかかると，普通は影響をおよぼさない窒素でさえも，血液に溶けて，のちに悪影響をおよぼすようになります（潜水病）。

深海潜水用ボンベに**ヘリウム**や**アルゴン**をまぜることで，潜水病をおさえるのに役立っているんです。

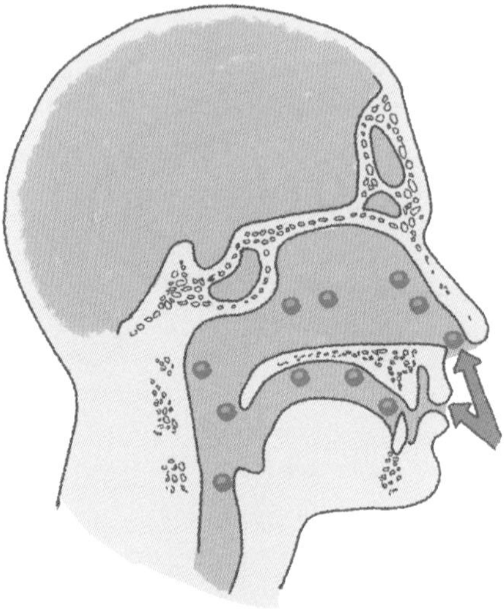

人が吸っても安全とされている

ヘリウムガスは声を変える「変声ガス」に，
ヘリウムガスやアルゴンガスは深海潜水用
ボンベの空気にまぜられています。

メンデレーエフを悩ませた，3～11族元素

最後は，3～11族の元素です。
これらの元素は**遷移元素**とよばれます。周期表をつくる際に，メンデレーエフを悩ませた厄介な元素たちです。

メンデレーエフを悩ませた!?
なぜですか？

遷移元素は，普通の原子とは電子の入り方がちがうんです。普通，電子は原子の**内側の電子殻**から埋まっていきます。
そのため，原子番号が順にふえたときには，一番外側の電子殻（最外殻）の電子の数がふえていくはずです。

ふむふむ。
ここまで見てきた元素はそうでしたね。

しかし遷移元素は，原子番号がふえ，電子の数がふえていっても，一番外側の電子の数が変わりません。

えっ，そんな変わったやつらが……。
なぜなんでしょうか？

実は，**遷移元素の電子は，内側の電子殻が埋まる前に，外側の電子殻に入ってしまうことがあるのです。**
そのため，原子番号がちがい，電子の数もちがうのに，最外殻にある電子が1～2個で，ほとんど変わらなくなってしまいます。

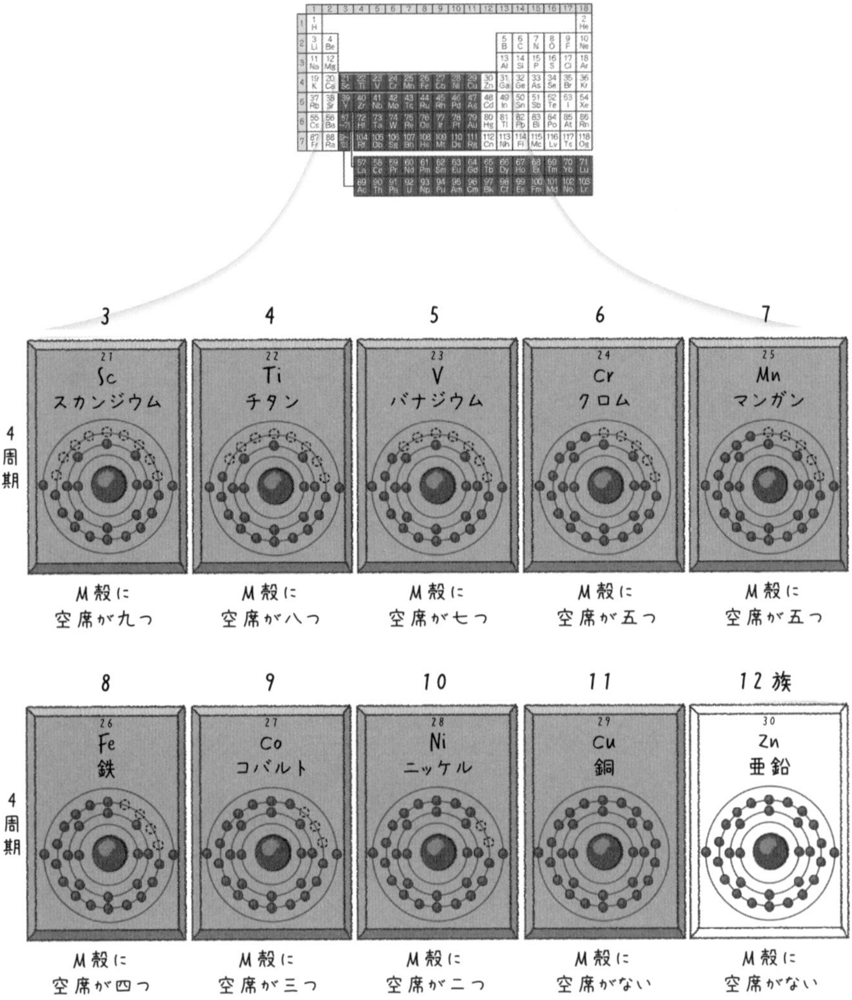

内側の電子殻から埋めていくっていうルールを遷移元素は守っていないのか。
4周期の遷移元素は，最外殻のN殻ではなくて，内側のM殻にも空席があるんですね。

ええ。たとえば，**鉄**や**銅**が遷移元素にあたります。

周期表を見ると，鉄と銅は横に三つ離れています。

ええ。でも，**鉄と銅は，高い融点をもっていたり，酸素と数種類の化合物を形成できたりと，化学的に似た性質をもっているんです。**

同じ縦の列じゃないのに似てるんだ。

メンデレーエフが周期表を考えだした当時は，電子の存在がわかっていませんでした。
そのため，メンデレーエフは，これらの存在に非常に悩んだといわれています。
メンデレーエフは，原子量がふえるのに性質が変わらないこれらの元素群を，いわば欄外のように一つのグループにまとめて並べていたんです。

欄外ですか。
どう配置していいのか，わからなかったんですね。

そうなんでしょう。
ただし現在では，性質が似た遷移元素も原子番号（陽子の数）の順番に並べられ，周期表にとりこまれています。
周期表の中央部分，3～11族に配置されているんです。

遷移元素は厄介なやつらだって覚えておきます！

宇宙で最初に生まれた原子は水素原子

ここからは，周期表に並ぶ元素たちが，いかにして生まれてきたのかを考えていきましょう。

元素の誕生か……。
いったいどうやって生まれてきたんだろう……。

突然ですが，この宇宙にはどんな元素が多く存在していると思いますか？

えーっ，全然わかりません。
うーん，たしか空気中には窒素が多いって聞いたことがあるので，窒素でしょうか？

ぶぶーっ，残念！

宇宙には，次のページのグラフにえがいたような割合で元素が存在しています。
グラフは，**横軸に原子番号**，**縦軸に存在度**をとっています。縦軸の目盛りは，10倍ずつ大きくなっていることに注意してください。

ふむふむ。
水素とヘリウムがほかの元素とくらべてずば抜けて多いですね。

そうなんです！
宇宙にある元素の**99.9%**が水素とヘリウムなんです。
これらの元素は，**宇宙誕生初期**につくられたと考えられています。

宇宙誕生初期につくられた!?
どういうことですか？

今からおよそ**138億年前**に宇宙は誕生しました。
このころはまだ元素は存在しません。
誕生直後の宇宙は非常に高温な**灼熱状態**でしたが，やがて宇宙が膨張して温度が低下してくると，陽子と中性子が誕生したと考えられています。陽子は水素原子の原子核です。
つまり宇宙で最初に生じたのは**水素の原子核**なのです。

そっか，水素が一番はじめに生まれたのか……。

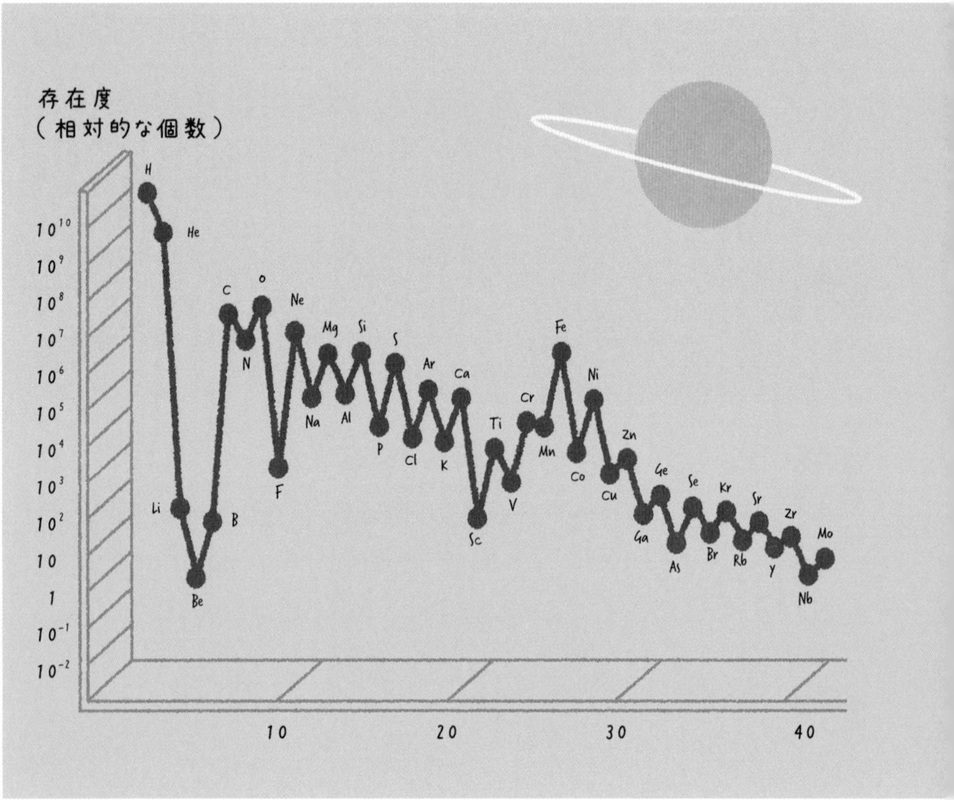

宇宙がさらに膨張して温度が下がると，高速で衝突した陽子や中性子が合体しはじめます。これを**核融合反応**といいます。
初期の宇宙では，この核融合反応によって**ヘリウム（He）**や**リチウム（Li）**といった，軽い原子核ができたといわれています。ただし，この時点ではまだ原子ではありません。

原子ではない？
どういうことですか？

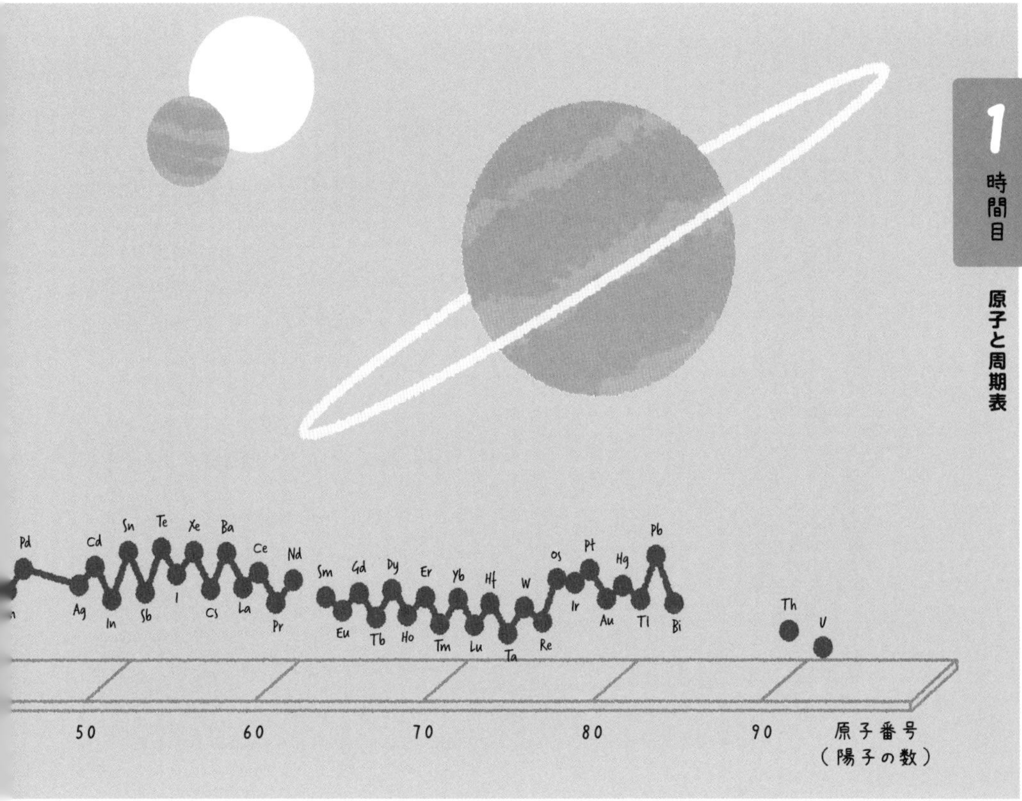

まだ，原子核と電子が結びついていなかったのです。
温度が下がって宇宙誕生から38万年たったころに，プラスの電気をおびた**原子核**とマイナスの電気をおびた**電子**が引き寄せあって，ペアをつくります。
こうしてようやく**水素**や**ヘリウム**の原子ができました。

宇宙の歴史

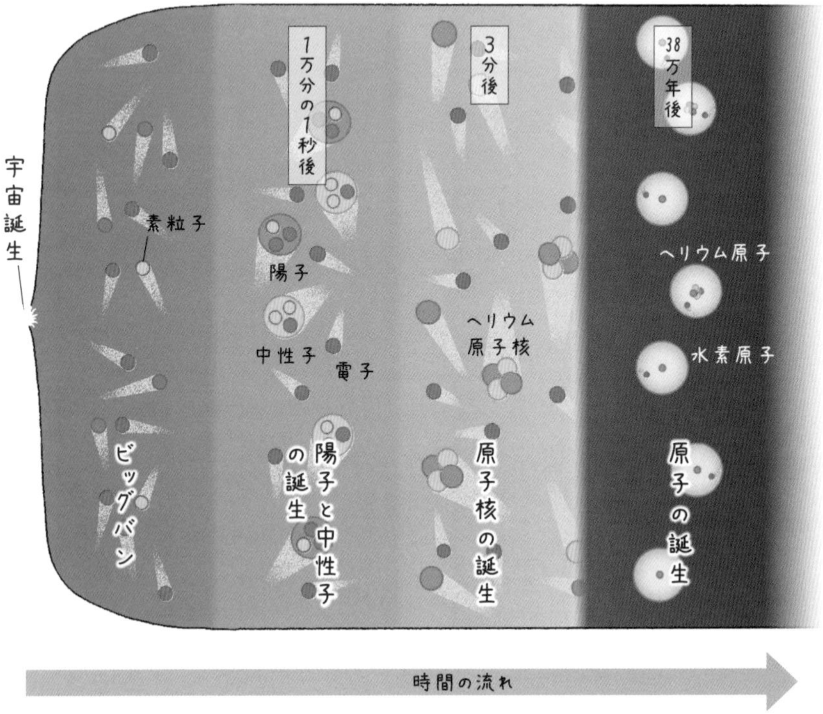

やっと原子の誕生だ！

ええ，こうしてリチウムまでの軽い元素が生まれました。

じゃあ，リチウムより重い元素は？

宇宙誕生から数億年後，水素などのガスが寄せ集まり，**恒星**が誕生します。
リチウムより重い元素は，この恒星の中でつくられました。高温となった恒星の中心部で**核融合反応**がくりかえしおきることで，軽い元素を出発点として，**鉄**までの重さの元素ができたと考えられています。
ですから，鉄は，宇宙のどんな場所にもたくさんあるんだ，ということになります。

多くの元素が，星の中で生まれたんですね！
じゃあ，もっと重い元素は？

恒星が寿命をむかえると，超新星爆発という**大爆発**をおこして，合成した元素を宇宙にばらまきます。**爆発の際に，そのすさまじいエネルギーによって核融合反応がおき，鉄よりも重い元素が合成されたんです。**

星が死ぬときに新たな元素がつくられるなんて，すごいですね！

さらに，超新星爆発でばらまかれた元素が材料となって，次の世代の恒星が生まれます。
こうして星の誕生と死（爆発）がくりかえされることで，宇宙にさまざまな元素が蓄積していったと考えられています。

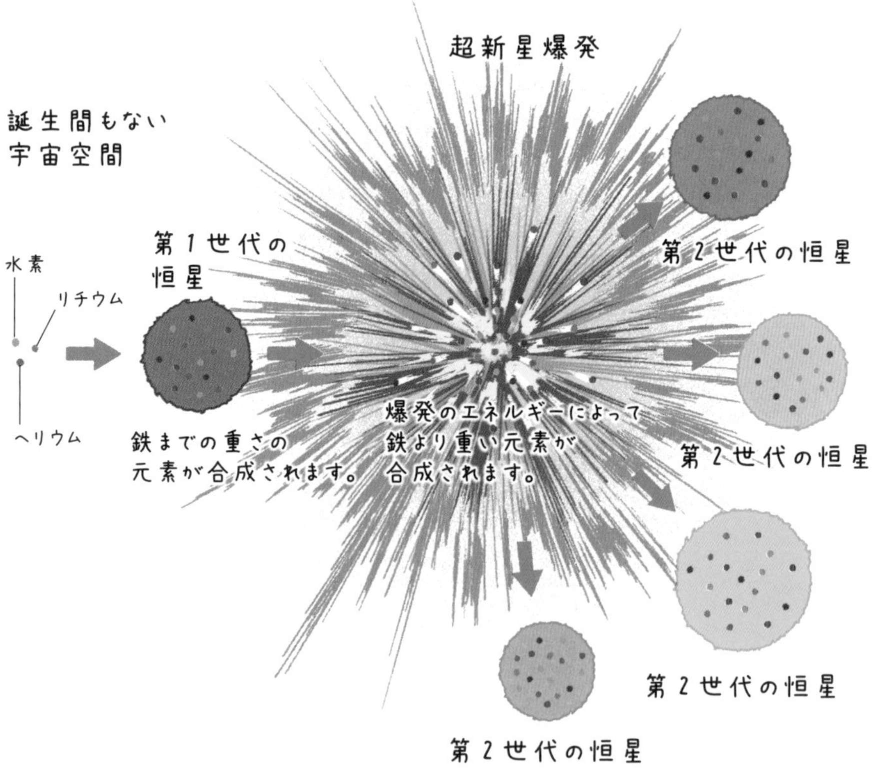

たくさんの元素は，星の誕生と死がくりかえされることで生まれていたんですね。

なんだかロマンがあるな～。

人工的につくられた元素たち

118元素はすべて自然界から見つかったわけではありません。一部の元素は，本来，自然界には存在しない元素で，人工的に合成されたものです。

人工的に合成？

ええ，既存の元素どうしを融合させるなどして，重い元素を人工的に合成するんです。
ウラン（92番）よりも重い元素は，基本的に人工的に合成することによって発見されました。
これらの元素は不安定なため，合成できてもすぐに崩壊してしまいます。

人の手で新元素をつくりだすなんて，すっごいなぁ！
いったいどうやって合成するんですか？

二つの元素の原子核を猛スピードで衝突，融合させ，新しい元素を合成するんです。それを可能にするのが，原子核などの粒子を加速して衝突させる**加速器**という実験装置です。

すごい実験装置ですね。

合成された元素の寿命は非常に短いため，未知の元素の存在は，その元素がどのようにこわれていくかを観測することで確認します。
崩壊してできた既知の元素の存在を観測し，崩壊を逆にたどることによって，合成されたのが何番目の元素だったのかを判断するのです。

ひぇーそんなことができるんだ。

2015年12月には，日本で発見された113番元素が新元素として認定されました。これが**ニホニウム**です。

あっ，ニュースでやってたのを覚えてます！
日本で発見された元素が周期表にのるなんて，なんだかすごいですね！

そうですね。
この113番元素は，30番元素の**亜鉛（Zn）**と83番元素の**ビスマス（Bi）**の原子核を衝突させることで，つくられました。

memo

日本で発見された113番元素

113番元素「ニホニウム（Nh）」は，亜鉛とビスマスを衝突させることでつくられました。2015年12月に認定されました。

	1	2	3	4	5	6	7	8	9	10	11	12	13	14	15	16	17	18
1	1 H																	2 He
2	3 Li	4 Be											5 B	6 C	7 N	8 O	9 F	10 Ne
3	11 Na	12 Mg											13 Al	14 Si	15 P	16 S	17 Cl	18 Ar
4	19 K	20 Ca	21 Sc	22 Ti	23 V	24 Cr	25 Mn	26 Fe	27 Co	28 Ni	29 Cu	30 Zn	31 Ga	32 Ge	33 As	34 Se	35 Br	36 Kr
5	37 Rb	38 Sr	39 Y	40 Zr	41 Nb	42 Mo	43 Tc	44 Ru	45 Rh	46 Pd	47 Ag	48 Cd	49 In	50 Sn	51 Sb	52 Te	53 I	54 Xe
6	55 Cs	56 Ba		72 Hf	73 Ta	74 W	75 Re	76 Os	77 Ir	78 Pt	79 Au	80 Hg	81 Tl	82 Pb	83 Bi	84 Po	85 At	86 Rn
7	87 Fr	88 Ra		104 Rf	105 Db	106 Sg	107 Bh	108 Hs	109 Mt	110 Ds	111 Rg	112 Cn	113 Nh	114 Fl	115 Mc	116 Lv	117 Ts	118 Og
				57 La	58 Ce	59 Pr	60 Nd	61 Pm	62 Sm	63 Eu	64 Gd	65 Tb	66 Dy	67 Ho	68 Er	69 Tm	70 Yb	71 Lu
				89 Ac	90 Th	91 Pa	92 U	93 Np	94 Pu	95 Am	96 Cm	97 Bk	98 Cf	99 Es	100 Fm	101 Md	102 No	103 Lr

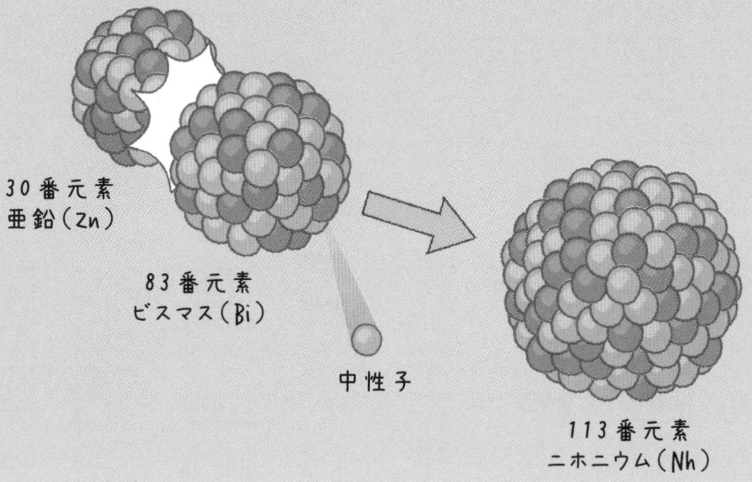

二つの原子核を融合させるなんて，すごいなぁ！
ニホニウムは日本で発見されましたけど，これまでどんな国で新元素は発見されてきたんでしょうか？

118元素の発見国を年代ごとに示すと，下のようになります。

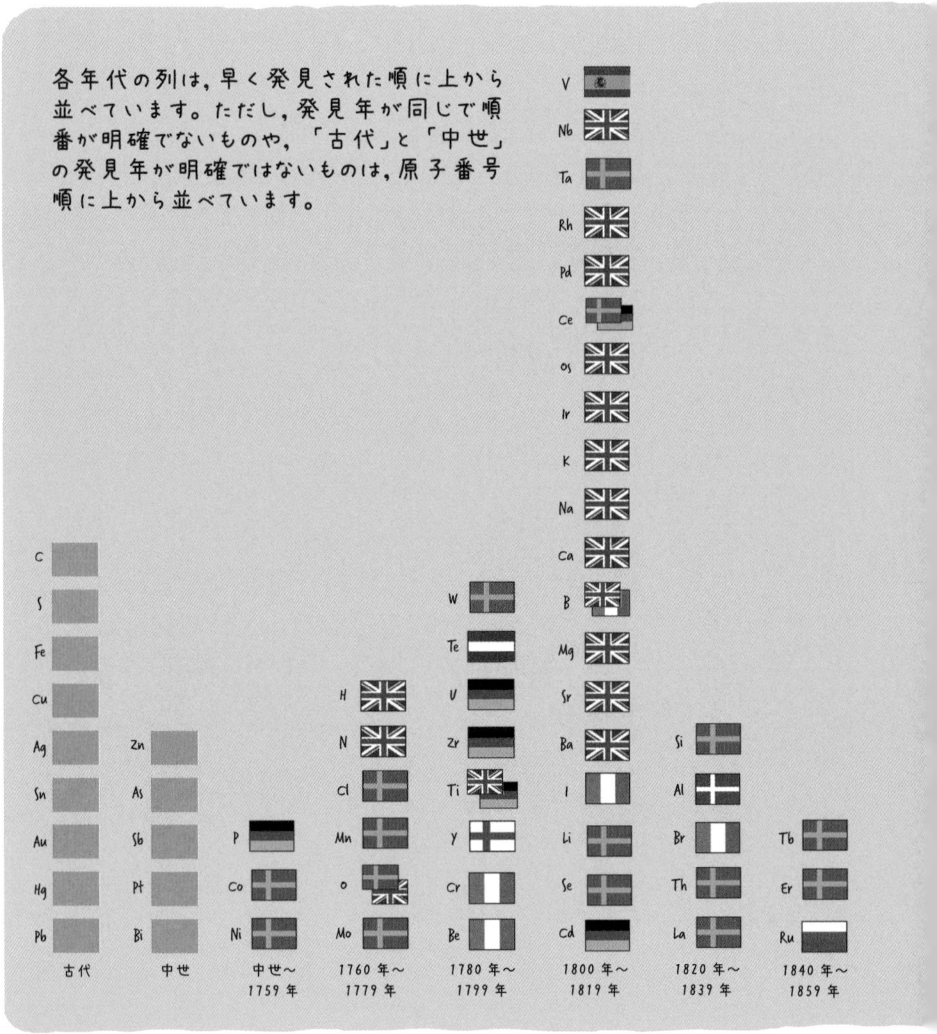

年代ごとに偏りがありますね。

それは，新元素の発見が，それぞれの国の科学技術の発展と密接に結びついているためだといえるでしょう。

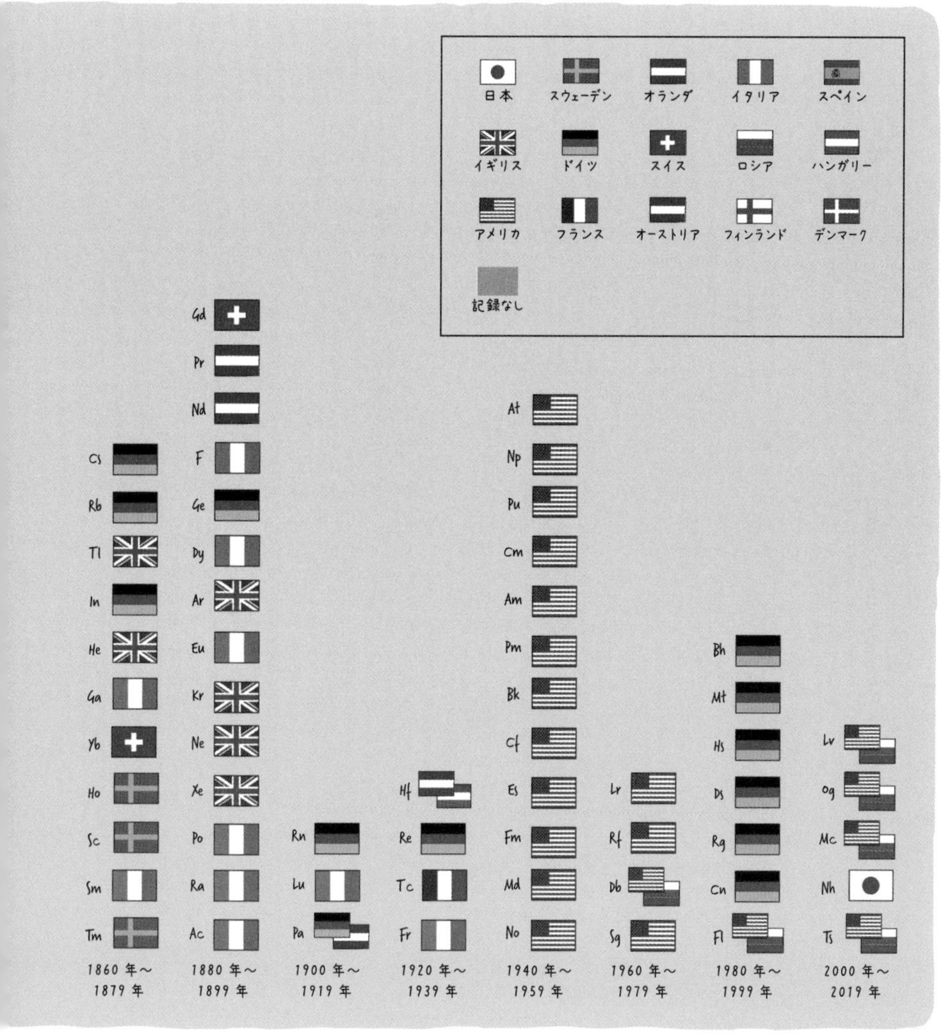

2

時間目

原子が結びついて物質ができる

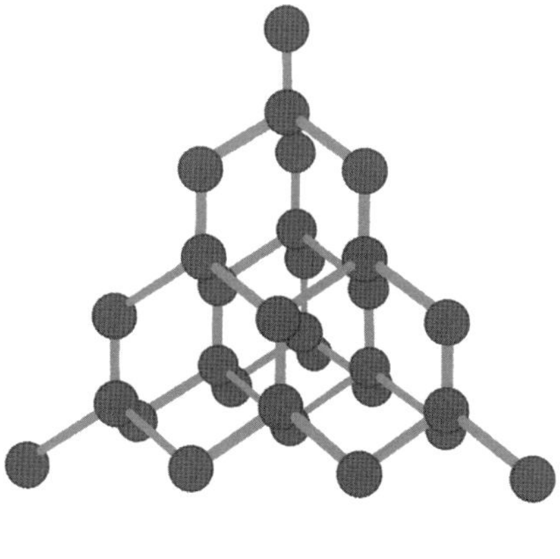

STEP 1

原子の結合と化学反応

身のまわりのあらゆる物質は，複数の原子が結合した状態で存在しています。原子はいったいどうやって結合するのでしょうか？原子の三つの結合をくわしく見ていきましょう。

原子のつながり方は３種類

あらゆる物質は，原子や分子などの粒子が組み合わさってできています。
この2時間目では，原子がいかにして結びついて分子になり，そして物質をつくるのかを紹介していきましょう。

はいっ，お願いします。

私たちの身近な物質の多くは，複数の原子が結合した**分子**の状態で存在しています。
たとえば，**水**は，**水素原子（H）二つ**と，**酸素原子（O）一つ**が結びついた**水分子（H_2O）**が集まったものです。

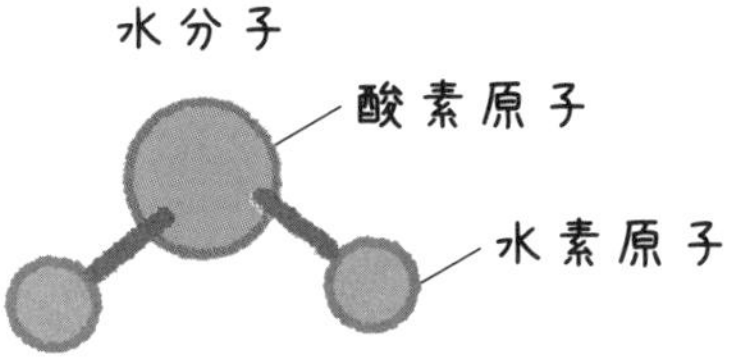

空気中の酸素だって，**酸素原子（O）**が二つくっついた**酸素分子（O_2）**の状態で存在しています。

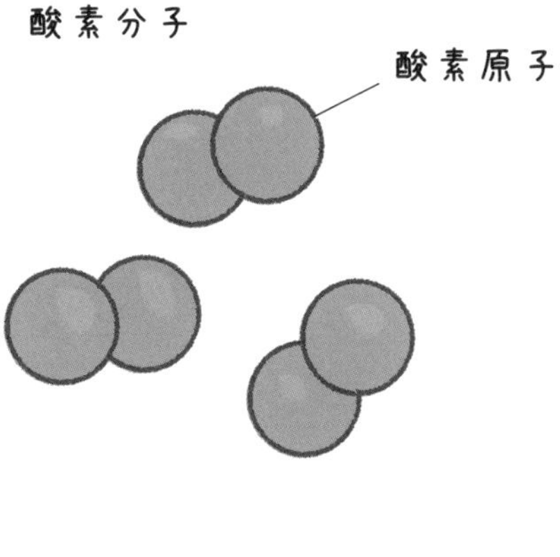

なるほど，身近な物質の多くは，たくさんの原子が結びついてできているんですね。

そうなんです。
このように原子どうしを強固に結びつける結合には，大きく**共有結合**，**金属結合**，**イオン結合**の３種類があります。

ぐへぇー，３種類もあるんですか……。

まず，**共有結合**は，水分子や酸素分子など，分子を構成する原子を結びつけるものです。
それから，**金属結合**は，金属原子を結びつけ，金属の結晶にする結合です。
そして**イオン結合**は，塩化ナトリウム（食塩）を構成するナトリウムイオンと塩化物イオンを結びつけているような結合です。

うぅむ，意味不明です。

まぁまぁ，これからそれぞれの結合をくわしく見ていきましょう。

原子の間で，電子を共有する共有結合

まずは，**共有結合**について説明しましょう。

共有結合って，何かを**共有**するんですか？

ええ，その通りです。
共有結合では，原子の間で**電子**を共有するんです。

うーん，どういうことでしょうか？

水素原子を例に説明しましょう。
水素原子は，定員2のK殻が最外殻で，ここに1個の電子をもっています。そして空席が1個空いているわけですね。

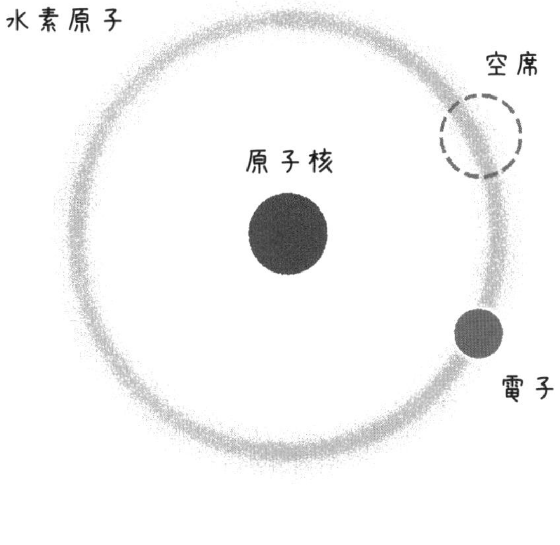

原子は最外殻に空席がないときに安定します。
ですから，最外殻に空席を1個もつ水素原子の状態は，不安定です。
そこで，二つの水素原子が，電子を一つずつ出しあい，それを共有することで，あたかも最外殻に空席がないようにおぎなうのです。

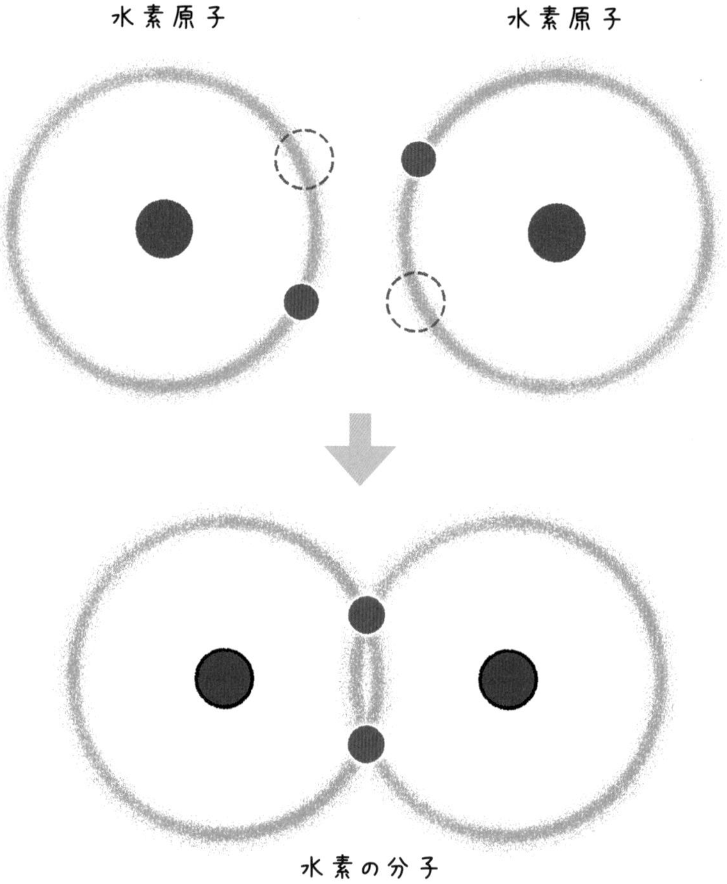

すると，**見かけ上は最外殻に電子を二つもっていることになり，安定した状態となります。**このとき，二つの原子は，一体となってふるまいます。こうして結びつくのが共有結合です。

水素分子

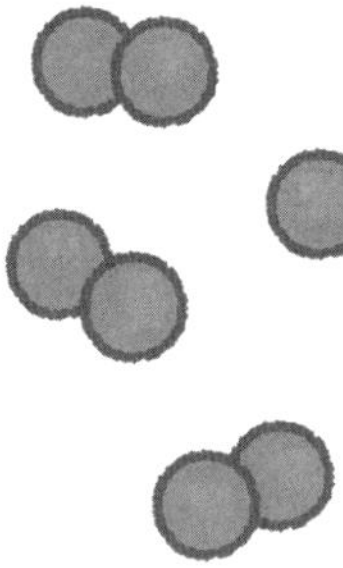

電子を共有することで，お互いの最外殻の空席を埋めるわけですか。

ええ，その通りです。
共有結合は，原子同士を結びつける強力な結合なんですよ。

水素分子は，二つの水素原子が共有結合でくっつくことで，できるわけですね。
しかしどうやって，二つの水素原子の間に共有結合がつくられるんでしょうか？

では，水素原子二つが共有結合で結びついて水素分子ができる化学反応のようすを見てみましょう。

2個の水素原子が近づくと，最初は，弱い力で引き合います（イラスト1～2）。くわしくは，STEP2で解説しますが，この力を**ファン・デル・ワールス力**といいます。
水素原子が接近していくと，それぞれの原子の電子が飛び回る領域（電子雲といいます）が重なっていきます（3～4）。
やがて，正の電荷をおびている2個の原子核が，重なった電子雲と強く引き合うようになり，1個の**水素分子**を形づくるのです（5）。

2個の電子が，2個の水素原子核のまわりを飛び回るようになるんですね。

ええ。
水素分子にかぎらず，身のまわりの多くの分子は，この共有結合で結びついています。

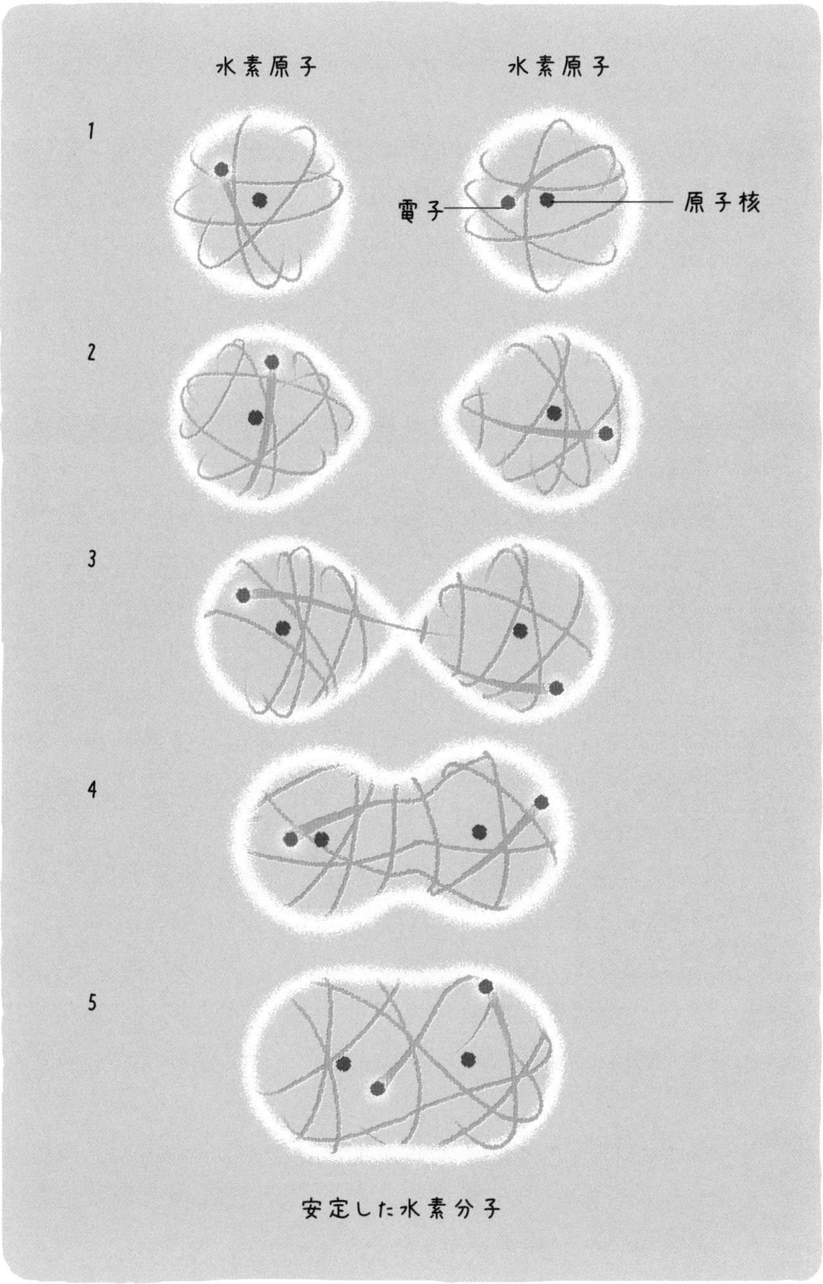
水素原子
水素原子
1
電子
原子核
2
3
4
5
安定した水素分子

自由電子が原子を結びつける金属結合

次に金属結合について見ていきましょう。
金属結合とは多数の金属原子が自由電子によって結びつく結合です。

じゆうでんし？

自由電子とは，文字通り複数の金属原子間を自由に動く電子のことです。
金属原子は，電子を放出しやすい性質をもっているため，結晶の中で電子を放出します。これが自由電子です。

ふむふむ。

結晶の中では，金属原子の最も外側にある電子殻が重なりあっていて，重なりあった電子殻を自由電子が自由に移動するんです。
こうして，自由電子が原子と原子の間を移動することで，金属原子どうしを結びつけます。これが金属結合です。

フラフラ動き回る自由電子が，金属原子どうしを結びつけているんですね。

ええ，そういうことです。
そして，この自由電子は，金属特有の性質を生むのにも一役買っています。

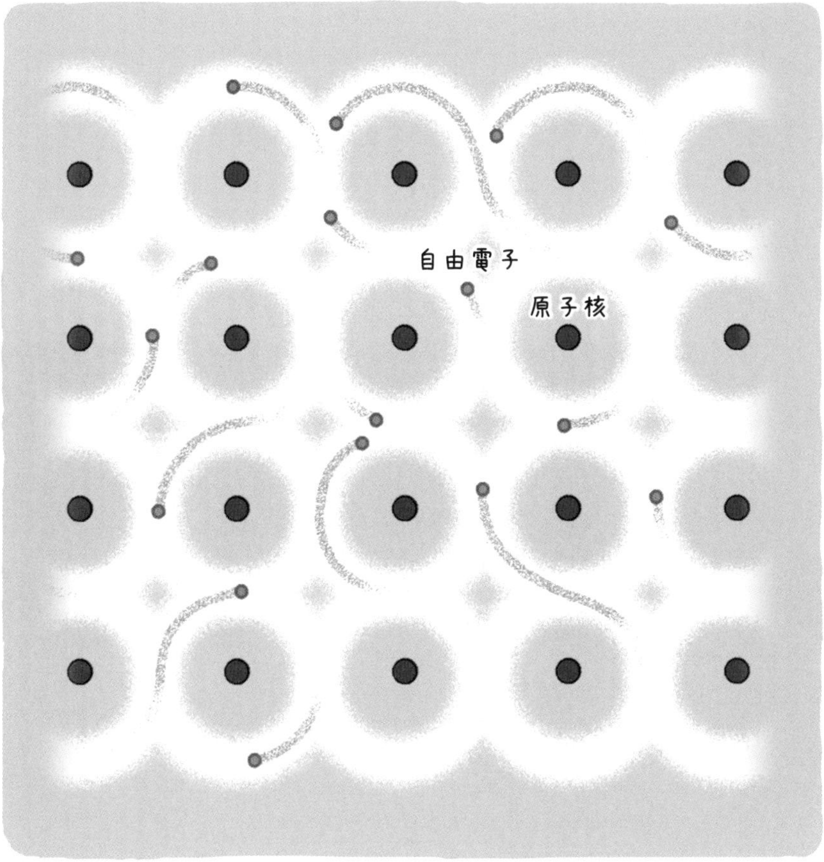
自由電子
原子核

どういうことでしょうか？

たとえば，金属には特有の**光沢**があります。
これは入射した可視光線のほとんどが自由電子によってはねかえされることにより生じます。

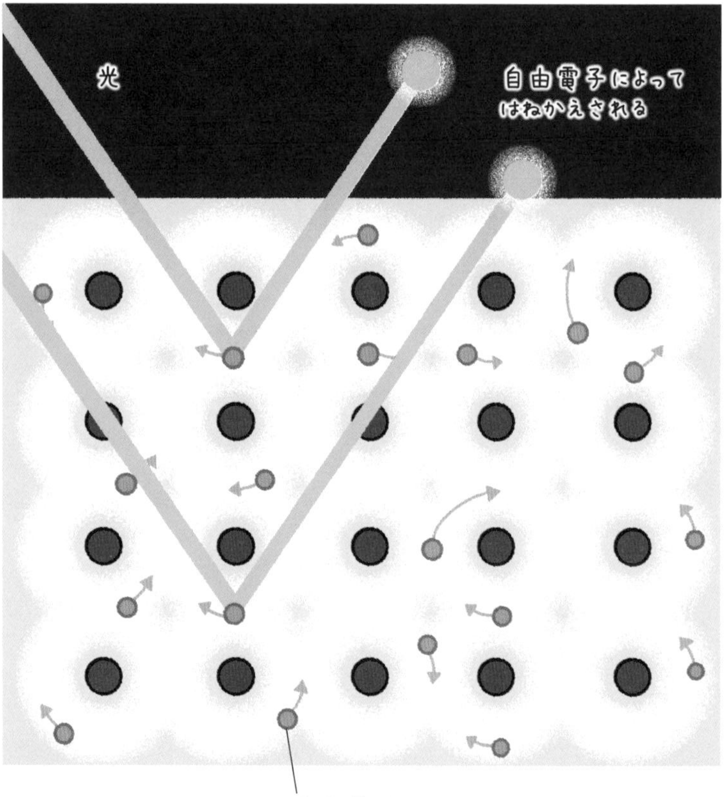

なるほど。
ほかにも自由電子によってあらわれる性質はあるんでしょうか？

電気を伝えやすい，たたくとのびる，といった特徴も自由電子によるものです。
たとえば，金属に電池をつなげると電気が流れますね。
これは金属の中をマイナスの電荷をもつ自由電子が移動するためです。

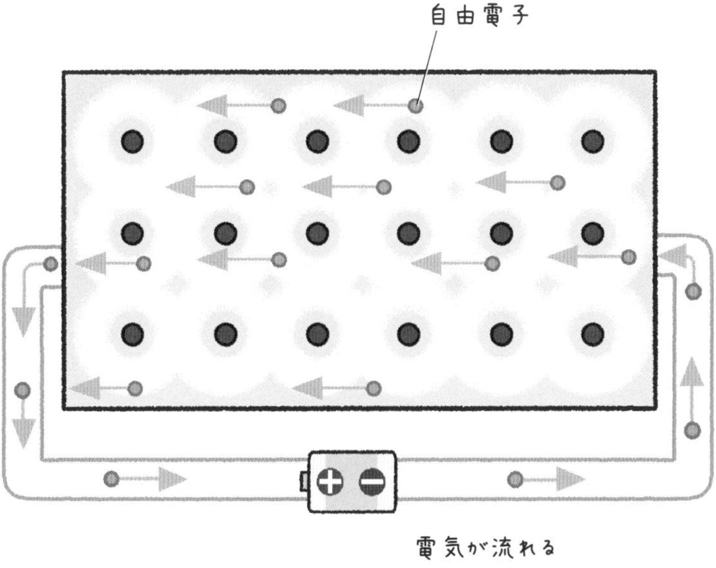

また，金属をたたいて力が加わると，原子の動きに追従して自由電子が動くため，原子と原子の結合が切れることなく，変形することができるんです。

金属らしさは，自由電子が生みだしていたんですね！

電気的に引き合うイオン結合

では，最後に**イオン結合**について見てみましょう。

イオンってたびたび耳にしますけど，そもそもイオンって何ですか？

原子の中には，電子を放出しやすかったり，逆に電子を受け取りやすいものがいます。
たとえば，ナトリウム原子は電子を放出しやすく，塩素原子は電子を受け取りやすい原子です。
通常の原子は，陽子の数と電子の数は同じですから，原子が電子を失うと，プラスの電気（電荷）をおびます。このプラスの電気をおびたものを**陽イオン**といいます。
また逆に，電子が原子をもらうと，マイナスの電気をおびます。これを**陰イオン**といいます。

ぐぬぬ。
む，むずかしい。

具体的に**ナトリウム原子**と**塩素原子**で説明しましょう。まずナトリウム原子は，最外殻に**電子が1個**だけあります。

最外殻に電子が1個という状態は不安定なので，ナトリウム原子は，電子1個を別の原子にわたしてしまいます。すると，マイナスの電荷を帯びた電子を一つ失うことで，ナトリウム原子は全体としてプラスをおびた**陽イオン**になります。これが**ナトリウムイオン**です。記号で書くと，**Na^{+}**です。

ナトリウム原子（Na）

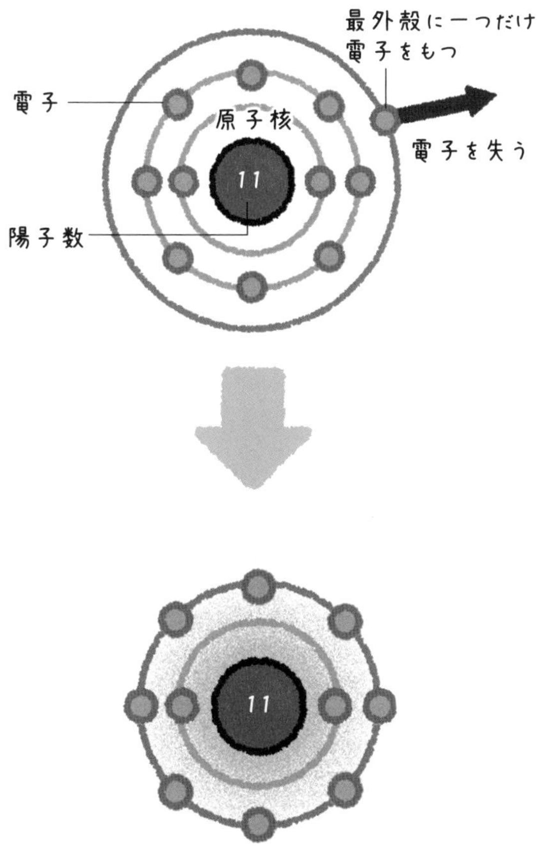

ナトリウムイオン（Na^{+}）

ふむふむ。原子が電子を失って，プラスの電気をおびたのが陽イオンなんですね。

ええ，そうです。
次に**塩素原子**です。塩素原子は最外殻に**電子が7個**で，席が一つ空いています。そのため，ほかの原子から電子を受け取りやすいんです。塩素原子が電子を一つもらうと，全体としてマイナスをおびた**陰イオン**になります。これが**塩化物イオン**です。記号で書くとCl^-です。

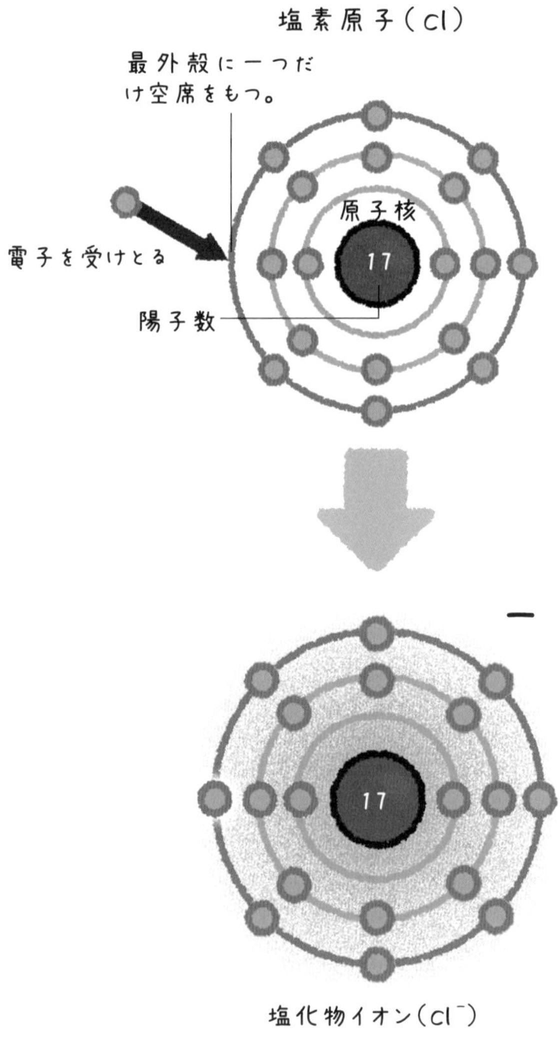

原子が電子を受け取ると，マイナスの電気をおびて，陰イオンになるんですね。
イオンについてはなんとなくわかりました。
では**イオン結合**というのは？

陽イオンと陰イオンはそれぞれプラスとマイナスの電荷で引き合って結びつきます。これがイオン結合です。
たとえば，先ほどのナトリウムイオンと塩化物イオンであれば，プラスとマイナスで引き合って結びつき，塩化ナトリウム（食塩，NaCl）ができます。

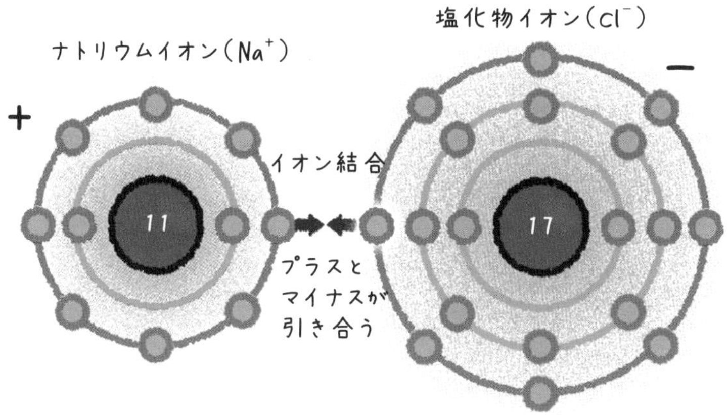

塩化ナトリウム（NaCl）

このようにイオン結合で結びついた物質はたくさんあります。ナトリウムが電子をわたした物質だけでも，ガラスの材料となる**酸化ナトリウム**や，虫歯予防に使われる**フッ化ナトリウム**などがあります。

イオンって身近なものなんですね。

ええ，イオンについては3時間目でまたくわしく取り上げます。

宝石や鉄は，原子が整列した結晶だった

身近な固体を原子のレベルで見ると，多くは原子や分子などが規則的な並び方をくりかえしています。これを**結晶**といいます。
結晶の中では，これまで見てきたような結合が原子たちを結びつけています。

結晶はよく聞く言葉ですね。汗の結晶……。

たとえば，ダイヤモンドは，炭素原子だけが共有結合してできた結晶です。このような結晶を**共有結晶**といいます。

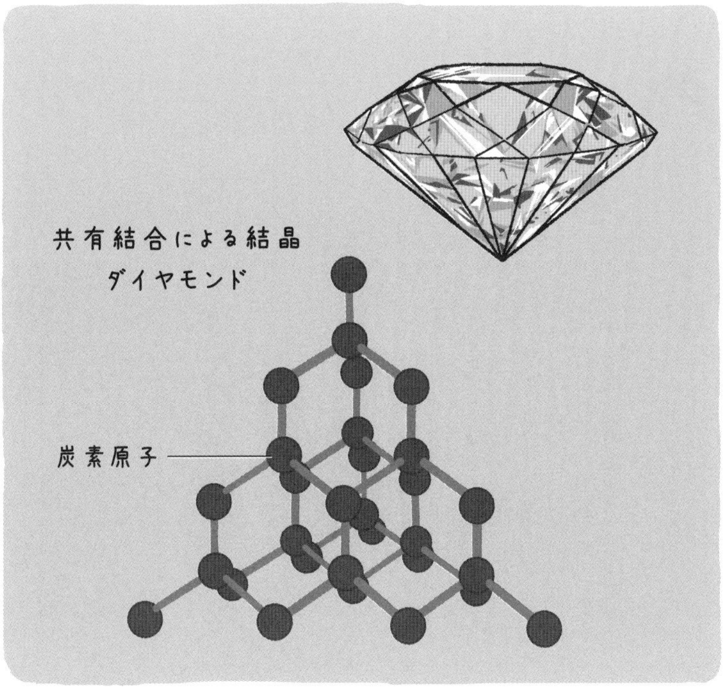

複雑な構造をしていますね。

炭素原子は，結合に関係する電子を4個もっています。そのため，一つの炭素原子から，正四面体の頂点の方向に結合が伸びて，このような構造になっているんです。

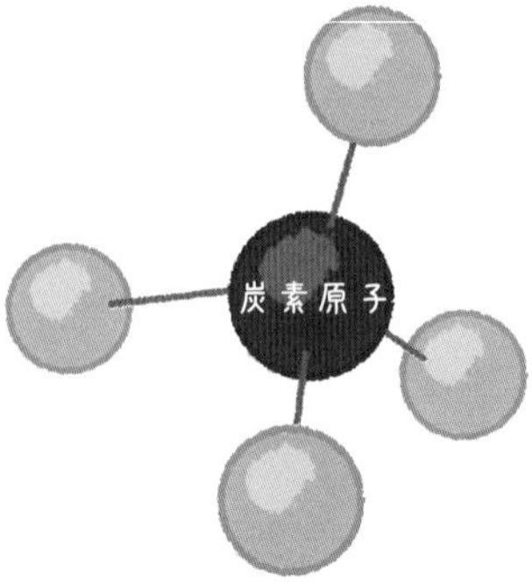

ふむふむ。

次は，金の結晶構造を見てみましょう。

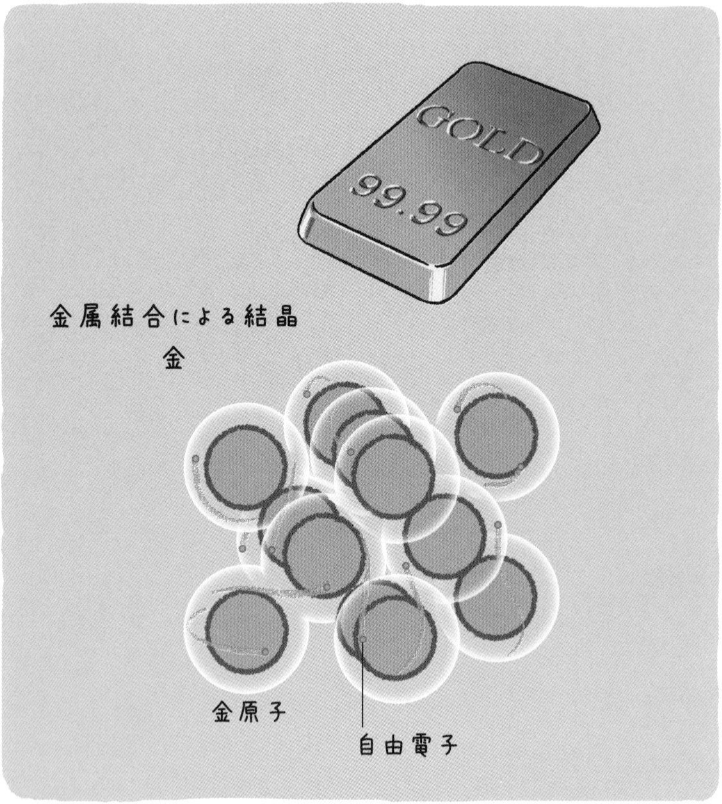

金は，自由電子を仲立ちにした金属結合で結びついています。このような結晶を金属結晶といいます。

金の構造を面心立方構造といいます。

これはできるだけ密に同じ大きさの球をつめこもうとしたときにできる構造です。

金属結晶の多くは，この面心立方構造や，同じように密につめこんだ六方最密充填構造，または，少しだけすき間のある体心立方充填構造になります。

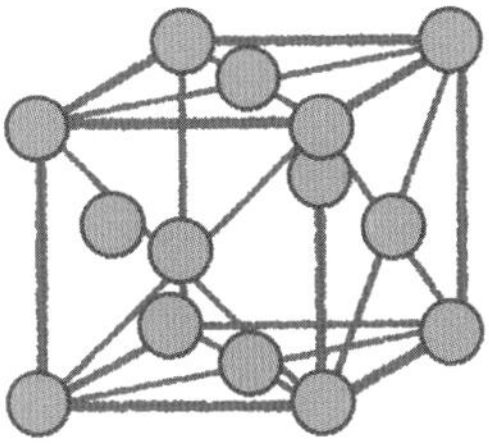

面心立方構造

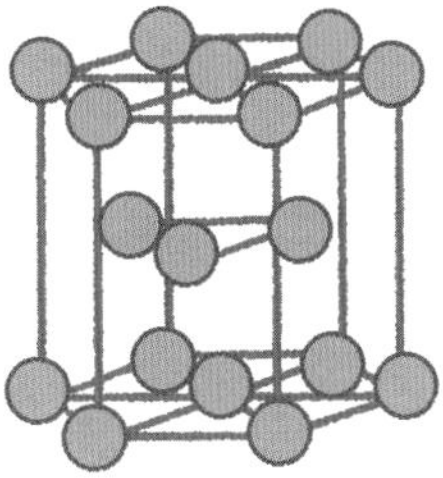

六方最密充填構造

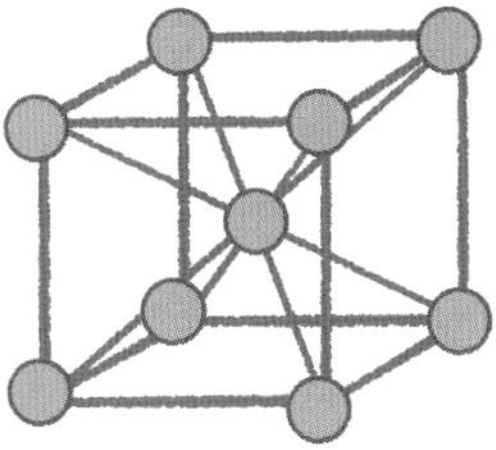

体心立方充填構造

へぇー，金属ってミクロなレベルで見ると，原子がとても規則正しく並んでいたんですね。

ええ。そうなんです。
最後に**イオン結合**による結晶の例として，**塩化ナトリウム**の構造を見てみましょう。塩化ナトリウムは食塩と同じものですよ。

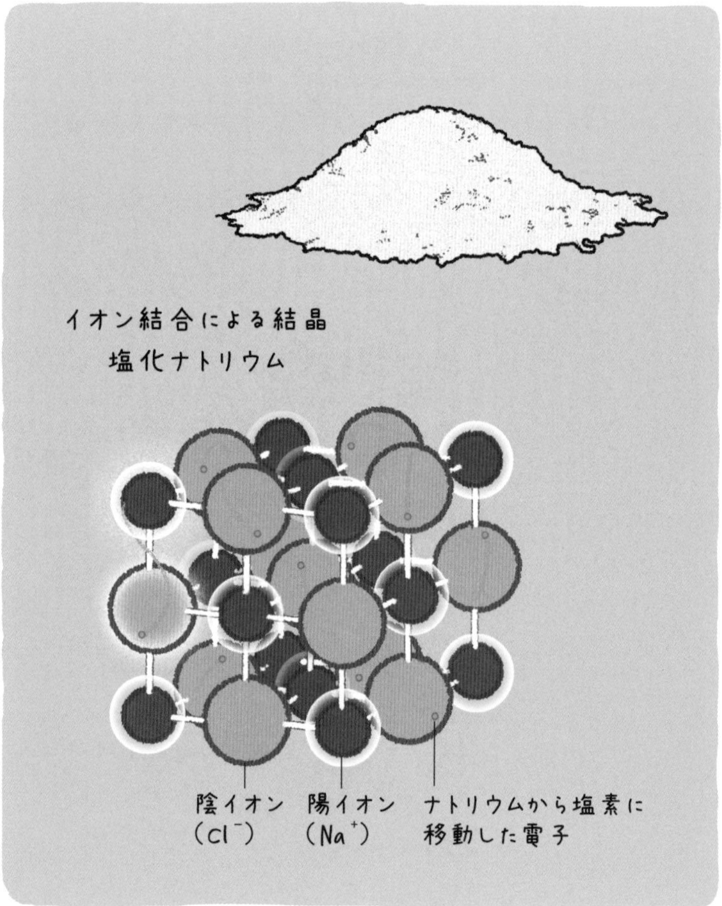

ナトリウムイオンと，塩化物イオンはきれいにとなりあって交互に並んでいるんですね。

そうですね。
この塩化ナトリウムでは，塩化物イオンの方が，ナトリウムイオンよりも大きいです。このように，一般的に陽イオンと陰イオンは大きさがちがいます。
塩化ナトリウムは，塩化物イオンがつくる**面心立方構造**のすき間にナトリウムイオンが入りこんだような構造をしています。

毎日食べている食塩が，こんな規則正しい構造をしているなんて，食塩を見る目が変わりそうです。

ポイント！

共有結合

ダイヤモンドでは、一つの炭素原子が四つの炭素原子と電子を共有しています。

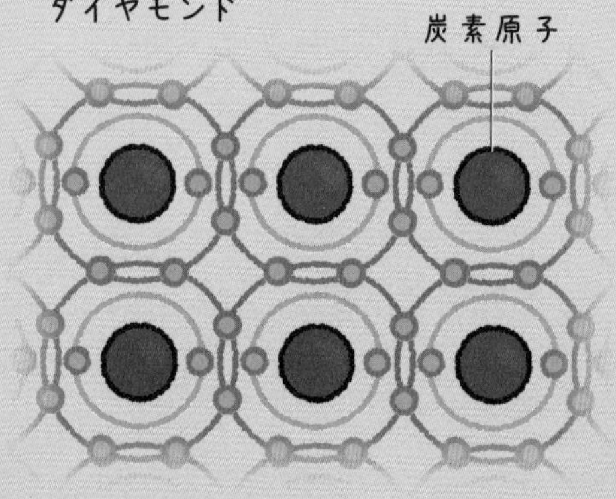

金属結合

最外殻の電子（自由電子）が複数の原子の間を動きまわっています。

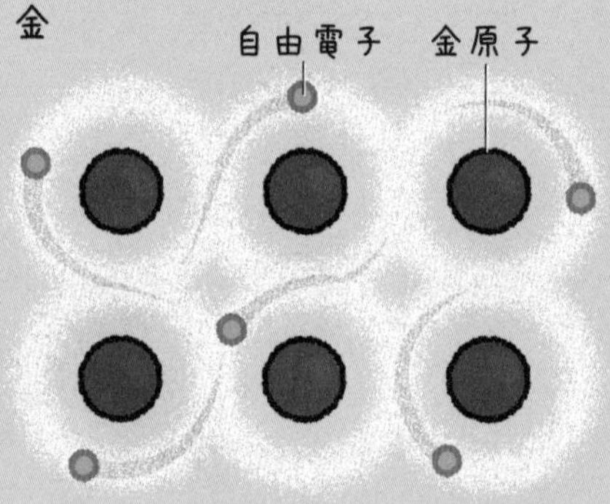

イオン結合

陽イオンと陰イオンが電気の力で引き合うことで、結びつきます。

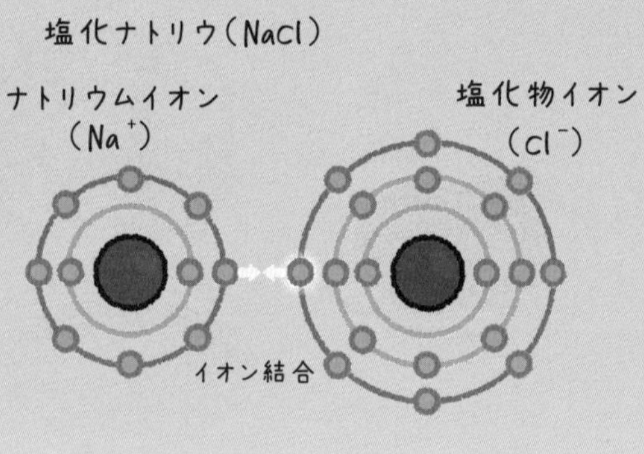

STEP 2

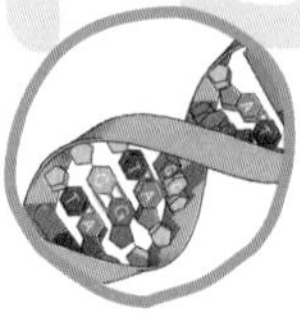

分子同士をゆるやかに結びつける力

原子が化学結合して，分子ができます。ここからは，分子どうしをゆるく結びつける力について見ていきましょう。どんな分子にもはたらく謎の引力「ファン・デル・ワールス力」にも迫ります!

水分子は水素結合で結びついている

STEP1では，原子どうしを強力に結びつける3種類の**化学結合**を見ました。
そのような化学結合のほかにも分子どうしをゆるく結びつける**分子間力**というものが存在します。そのような力が物質の性質に大きく影響するので，ここで紹介しましょう。

分子どうしをゆるく結びつける力……。
どういうものだろう。

まず最初に紹介するのは，**水素結合**です。
たとえば，水の中では，水分子どうしがたがいにゆるく結びついています。これが水分子の**水素結合**です。

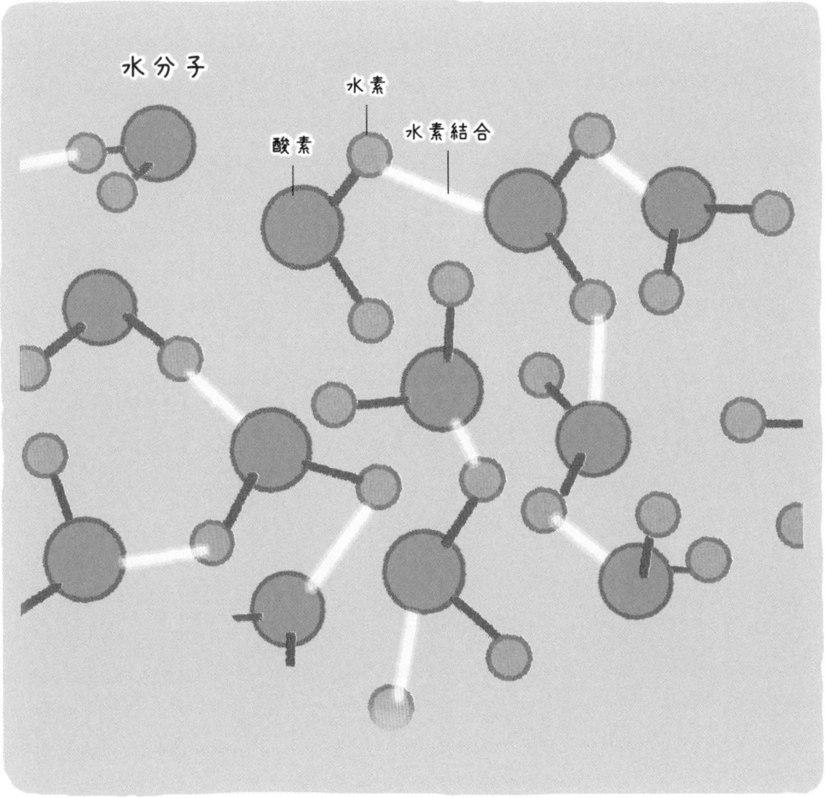

氷の中でも，水分子が水素結合でつながって，六角形の骨格をもつ結晶となります。 この構造は，すき間が多いため，液体の水よりも密度が小さく，氷は水に浮くんです。

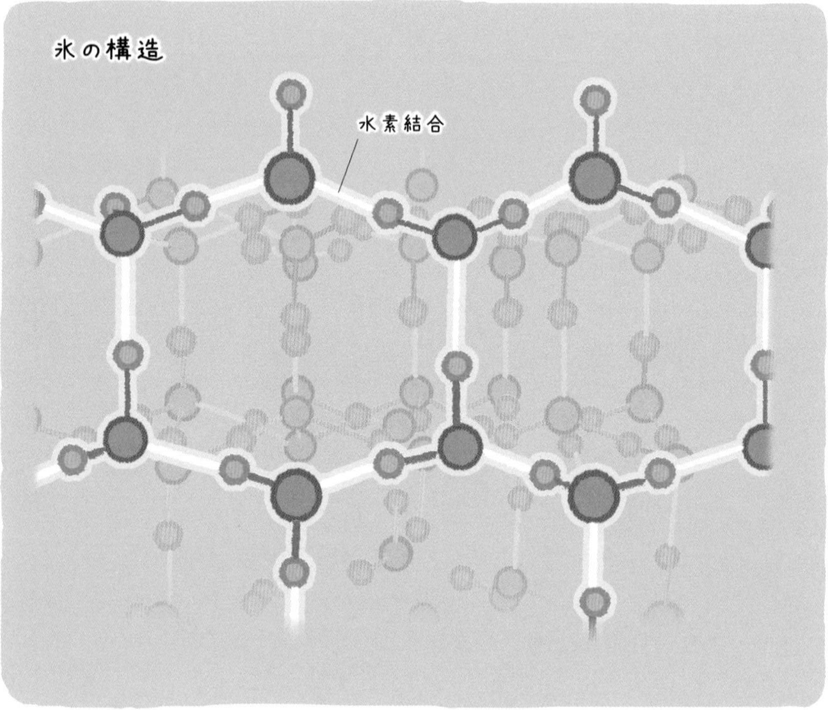

氷の構造

このほかにも**高い沸点**や，**表面張力**などの水の特徴も，水分子どうしが水素結合でつながっていることでもたらされています。

うむむむ。
水分子どうしが，水素結合で結びついていることはわかりました。でもなぜ水分子は結びつくんでしょうか？
そもそも水素結合って何なのか，よくわかりません。

くわしく説明しましょう。
水分子（H_2O）は，**一つの酸素原子（O）**と**二つの水素原子（H）**が共有結合したものですね。

はいっ！
共有結合はSTEP1でやりました！
電子を共有するんですよね。

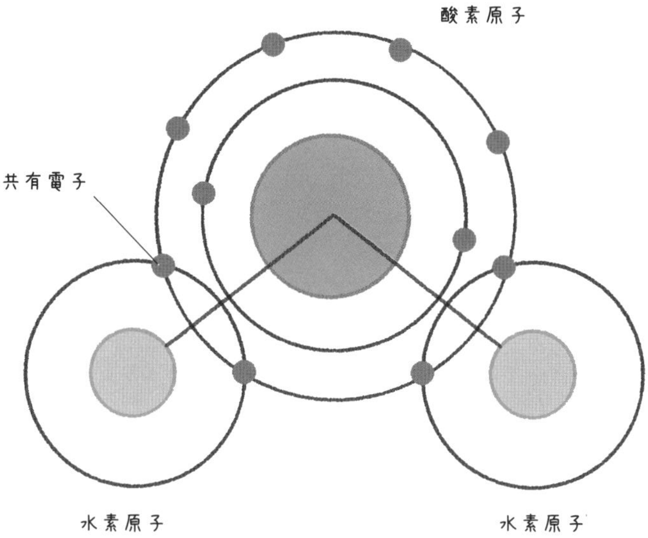

はい，そうです。
酸素原子と水素原子の間で電子が共有されています。
このとき，酸素原子と水素原子をくらべると，酸素原子の方が水素原子よりも強く電子を引き寄せているんです。
そのため，酸素原子は水素原子と共有している電子をより自分側に引き寄せて，少しだけマイナスの電荷をおびます。逆に，水素原子側はややプラスの電荷をおびます。

共有しているはずの電子を酸素原子が自分の方にもってきてしまうんですね。

そうです。すると，ある水分子の少しだけマイナス（δ−）の酸素原子と，別の水分子の少しだけプラス（δ＋）の水素原子の間で引き寄せる力が発生します。これが**水素結合**の正体です。
でも，水や氷の構造についてはまだまだ分からないことが多く，世界中で研究が続けられています。

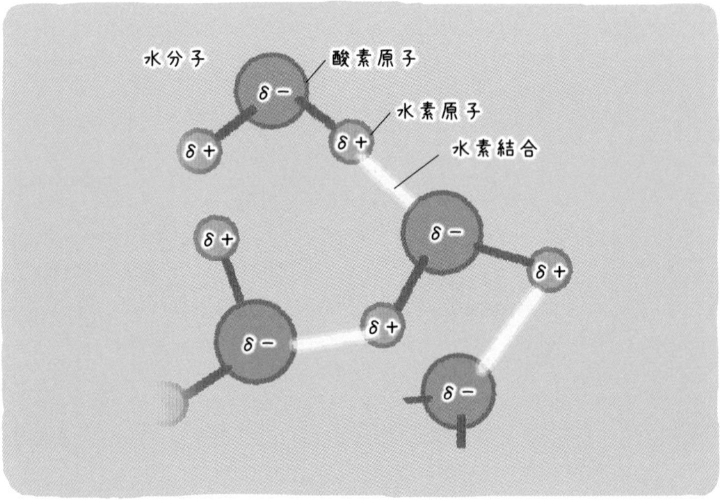

これは水だけでおきるんでしょうか？

いいえ，**水にかぎらず，ことなる種類の原子が共有結合した場合には，共有する電子が一方の原子の方へかたより，わずかにプラスとマイナスの電荷をおびることがあります。**このような性質を**極性**といいます。極性をもつ分子の間では，水分子と同じように引力がはたらきます。特に，**電子を引っ張る力が強い原子**と，**水素原子**が共有結合したときに極性が生じて，分子どうしが引き合うものを**水素結合**とよんでいます。

電子を引っ張る力が強い原子……。
どういった原子が電子を引っ張る力が強いんでしょうか？

電子を引きつける力の強さのことを**電気陰性度**といいます。電気陰性度を棒の高さであらわしたのが次の図です。

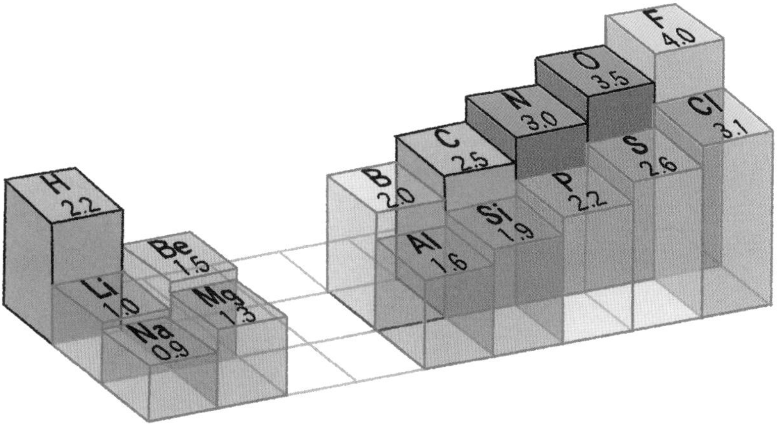

18族をのぞくと，周期表の右側にいくほど，電子を引きつける力が強い傾向にあるようですね。

そうですね。
H-F（水素-フッ素）やH-O（水素-酸素），H-N（水素-窒素）などの結合が分子中にあると，水素結合が生じることになります。

DNAの2本の鎖も水素結合でくっついていた

水素結合は体の中でも大活躍です。

体の中？

はい。たとえば，**DNA**って知っていますか？

えーっとたしか，**二重らせん**をした**生命の設計図**だって聞いたことがあります。

そうです。
DNAは生物の**遺伝情報をつかさどる物質**で，同じ構造をした2本の鎖が束ねられた**らせん構造**をしています。
すべての細胞の核に**全長2メートル**のDNAが収納されています。

1人の人間のDNAをすべてつなぎあわせると，1000億キロメートルをこえるといわれています。

1000億キロメートル!?

地球と太陽の距離が，1億5000万キロメートルです。

どっひゃー！

体の中には，地球と太陽の距離の何百倍もの長さのDNAがつまっているんですか。

す，すごい。

DNAの構造を見てみましょう（次のページのイラスト）。DNAの鎖にはアデニン，グアニン，シトシン，チミンという4種類の塩基というパーツがずらーっと並んでいるのがわかりますね。

この4種類の塩基の並びで，遺伝情報を保存しているんです。

すごいですね。

それで，DNAと水素結合との関係というのは？

DNAは，水素結合のおかげで2本鎖となっているんです。DNAの鎖の上の塩基どうしが，たがいに水素結合することで，2本に束ねられています。

なお，その塩基の組み合わせは必ず，アデニンとチミン，グアニンとシトシンになります。

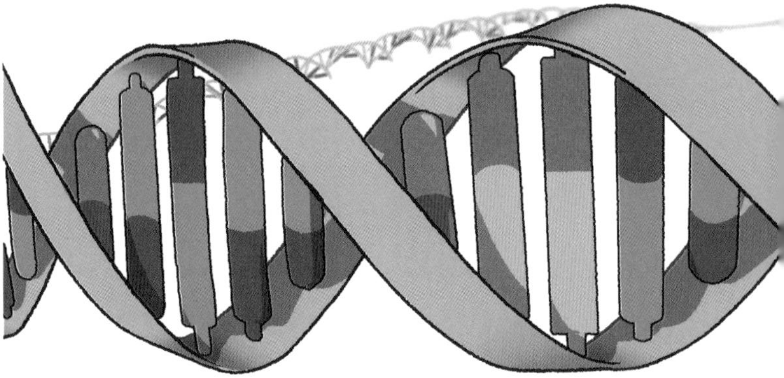

チミン（T）とアデニン（A）をつなげる水素結合

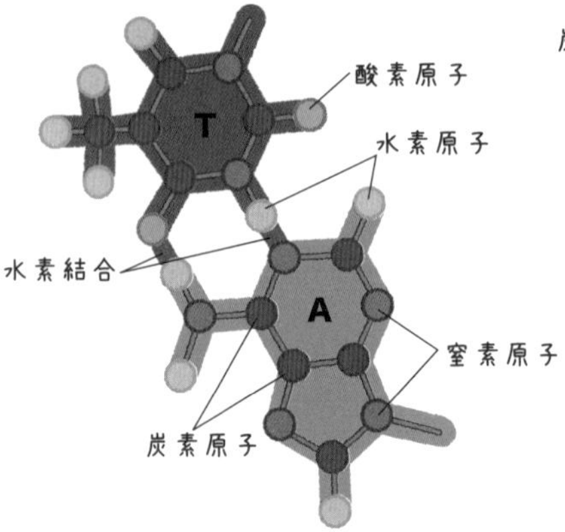

シトシン（C）とグアニン（G）をつなげる水素結合

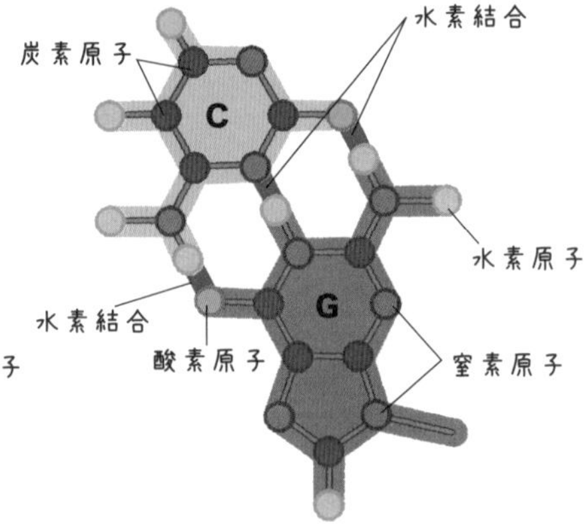

DNAを二重らせんにしているのも，水素結合だったんですね！

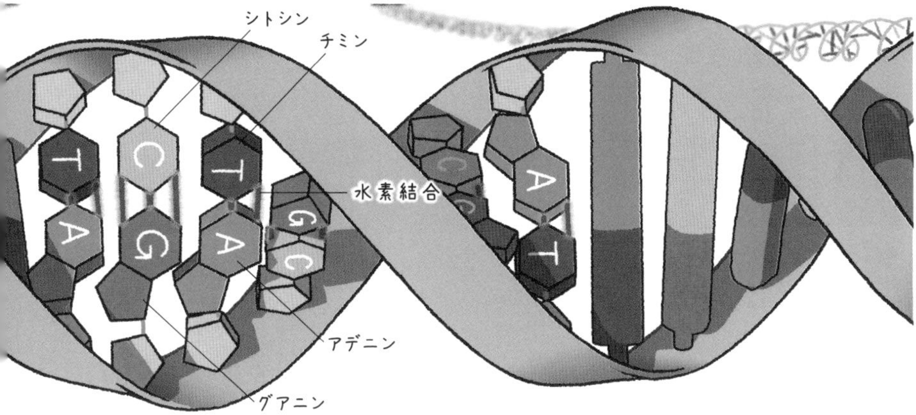

はい。
水素結合の強さは，**共有結合の10分の1程度**です。DNAは複製されるときなどに，2本の鎖がはなれる必要があります。弱い水素結合は，必要に応じてくっついたり，はなれたりするのに都合がいいんですね。

ほどよい強さなんですね。

ほかにも水素結合は，体の中のタンパク質が正しい立体構造をとるためにも欠かせないものです。

体の中ではたらくさまざまな物質が水素結合を利用しているんですね。

あらゆる分子にはたらく「ファン・デル・ワールス力」

ここまで見たように，分子の中に電気的なかたよりがあると，分子間で引力がはたらきます。

水素結合ですね！

ええ，水素結合はそのような引力の一つですね。
でも，実は電気的なかたよりがないように見える分子どうしでも引力がはたらくんです。
このようなどんな分子にもはたらく弱い引力をファン・デル・ワールス力といいます。

ファン・デル・ワールスりょく⁉

はい，オランダの物理学者，ファン・デル・ワールス（1837～1923）が言及したため，この名がつけられました。

ファン・デル・ワールス
（1837～1923）

酸素分子であれ，**窒素分子**であれ，気体が冷やされると液体や固体に変化します。
これは分子どうしにはたらくファン・デル・ワールス力で集まるからなんです。

酸素分子や窒素分子って，同じ原子が二つくっついたものですよね？

酸素分子

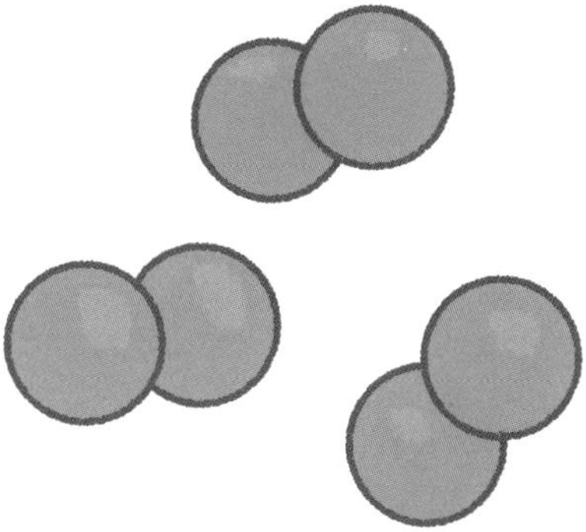

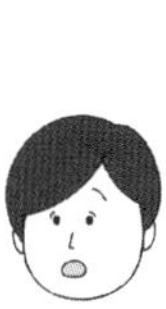

同じ原子どうしだから電子を引きつける力は一緒で，電気的なかたよりはないと思うのですが。
ファン・デル・ワールス力というのはどうやって発生するんでしょうか？

たとえば，**水素分子（H_2）**では，二つの水素原子が電子を共有しているため，分子として電気のかたよりがないように見えます。
しかし，ある瞬間に時間を止めてみると，二つの電子が左側にかたよったり，右側にかたよったりしているはずです。

ふむふむ。

瞬間的な電気のかたよりが生じると，プラスとマイナスが引き合うなどして，周囲の分子にも同様の電気のかたよりを引きおこします。つまり，発生した電気のかたよりは伝染していき，その結果，引力がはたらくのです。

ほぅ。瞬間的に生じた電気のかたよりが周囲の分子に**伝染**するんですね。

ええ，そういうことです。
ファン・デル・ワールス力は，分子間の距離が近いほど，また分子量が大きいほど，強くはたらきます。

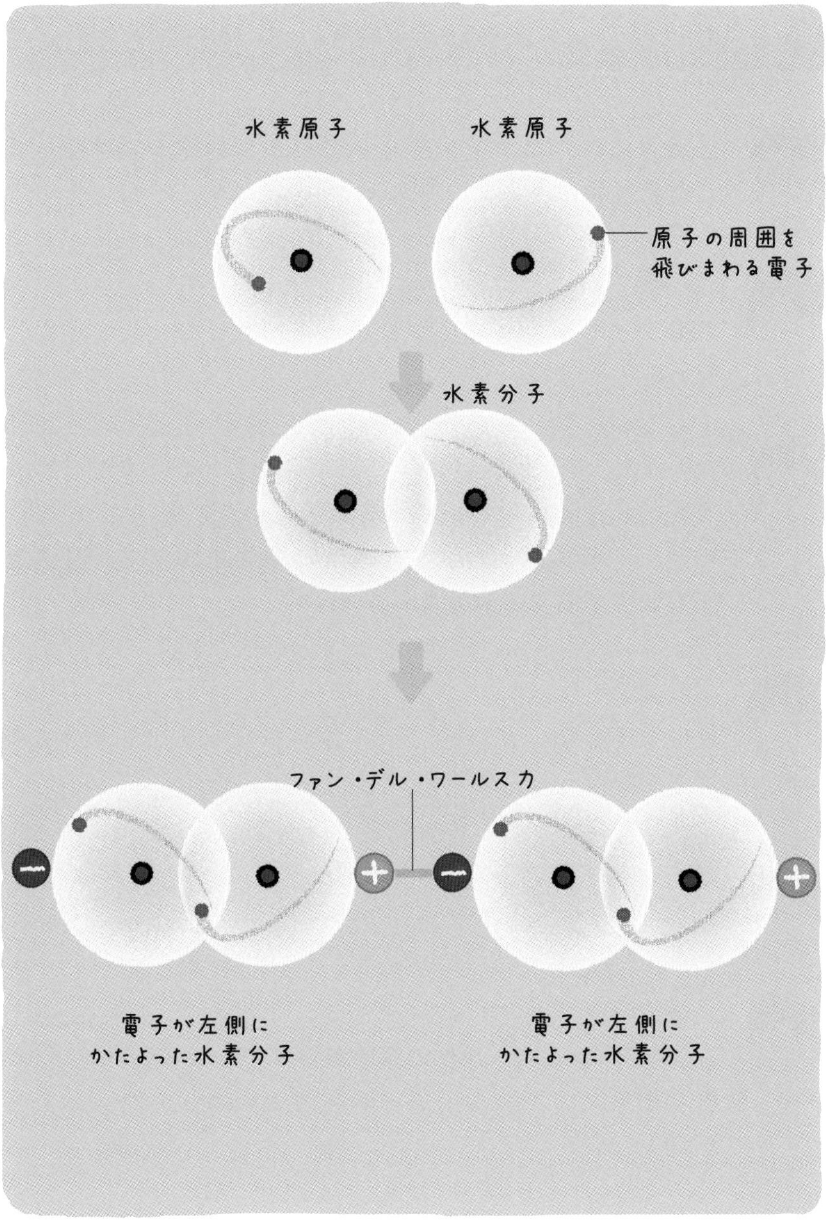
水素原子
水素原子
原子の周囲を
飛びまわる電子
水素分子
ファン・デル・ワールス力
−
+
−
+
電子が左側に
かたよった水素分子
電子が左側に
かたよった水素分子

ヤモリはファン・デル・ワールス力で壁にくっついている

自然界には，ファン・デル・ワールス力を上手に使っている生き物がいます。それが**ヤモリ**です。

ヤモリ!?

ヤモリとイモリっていつもどっちがどっちかわからなくなるんですよね。

えーっと，**ヤモリ**は家の壁とかによくいるトカゲの仲間です。**家を守るから，ヤモリと覚えましょう。**

一方，イモリは，水辺にすんでいる両生類です。**井戸を守るからイモリと覚えましょう。**

なるほど！

夏になるとよく家の中で，天井や壁を歩き回っているのはヤモリだったんですね。

……って何の話でしたっけ？

えーっ，ヤモリとファン・デル・ワールス力の話です。

そうでした！

ヤモリとファン・デル・ワールス力……。ヤモリはどのようにファン・デル・ワールス力を利用しているんですか？

ヤモリは，垂直な壁をよじ登ったり，逆さになって天井を歩いたりすることができます。**ヤモリが落ちずに壁にはりつけるのは，ファン・デル・ワールス力のおかげなんです。**

ファン・デル・ワールス力って原子間にはたらく**弱い引力**のことでしたよね。なぜヤモリはそんな力を利用できるんでしょうか？

ヤモリの足の裏には非常に細かい**繊毛**という毛が生えています。そして繊毛の先端には，**スパチュラ**といわれる，さらに細かい毛が大量に生えています。
スパチュラの太さは数ナノメートルほどです。1ナノメートルは100万分の1ミリメートルです。

めっちゃ小さいですね。

このスパチュラが，壁の細かな凹凸にはまることで，スパチュラと壁の原子がすぐ近くまで接近します。
その結果，スパチュラと壁の間で**ファン・デル・ワールス力**が発生するんです。

毛を使って，壁とファン・デル・ワールス力を発生させるなんて，めちゃくちゃすごい。
でも，ファン・デル・ワールス力って弱い力なんですよね？
そんなので，ヤモリの体重を支えることができるんですか？

たしかに，1本のスパチュラにはたらくファン・デル・ワールス力は，微々たるものです。
しかし，ヤモリの足には**約20億**のスパチュラがあり，それぞれにはたらくファン・デル・ワールス力が足し合わさることで，体を支えることができるのです。

ヤモリ，やるなぁ！

ヤモリの足が壁に吸着する性能は非常に優秀なので，この構造を模倣した接着材やテープなどの研究開発も行われています。

物質は，気体・液体・固体に変化する

では，STEP2の最後に，**物質の三態**について，お話ししておきましょう。分子間力は物質の三態と関係しています。

物質のさんたい？

はい，物質は一般に，温度が高い方から順に，**気体**，**液体**，**固体**の三つの状態をとります。これを**物質の三態**といいます。

水蒸気，**水**，**氷**ということですね！
それくらいならわかります！

それらの状態のちがいを分子レベルで見てみましょう。
まず気体は，分子が猛烈な速さで飛んでいる状態です。

分子自体が回転したりのびちぢみ振動したりもしています。

分子が激しく動きまわっているんですね。

ええ。分子の密度にもよりますが，気体の分子どうしは頻繁に**衝突**をくりかえしています。ふだんは気づきませんが，目の前の空気中では，酸素分子や窒素分子が**秒速数百メートル**で飛びかい，たがいに衝突をくりかえしているんです。
衝突と衝突の間のまっすぐに飛んでいる距離は，1万分の1ミリメートル程度です。

えっ，目の前でめっちゃ酸素とか窒素の分子がぶつかっているんですか!?
なんだか意外だな～。

さて，気体の温度が下がると，分子の速さが遅くなります。すると原子や分子どうしが近づき，たがいに引力をおよぼしあって集まるようになります。

水素結合やファン・デル・ワールス力ですね。

ええ，その通りです。
こうして，分子が集まった状態が**液体**です。
ただし，液体では，分子はまだ自由に移動できます。
分子自体が回転したり，のびちぢみしたりしているのは気体と同じです。

温度がさらに下がると，引力がまさって分子は自由に移動できなくなり，1か所にとどまるようになります。これが固体です。

固体では，原子や分子が完全に静止しているんでしょうか？

いいえ，固体でも，原子や分子は静止してはいません。**原子や分子はつねにその場で振動しているんです。**

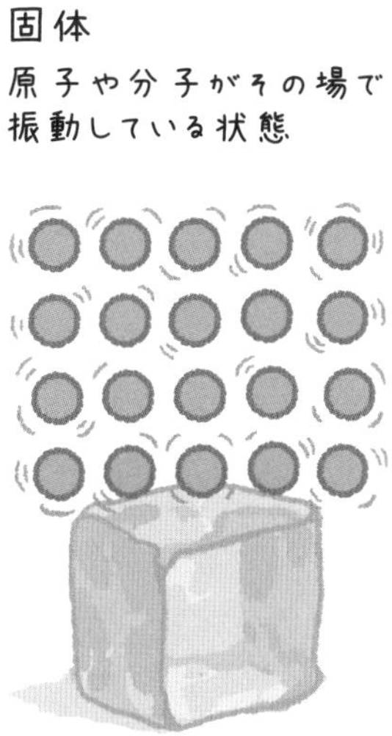

もし冷凍庫の中の氷を分子レベルで見れば，水分子がブルブルとふるえているんですか？

そういうことになります。
さて原子・分子間の引力の強さは，物質によってことなり，引力が弱いほど低温でも液体や固体になりにくいといえます。目の前にある物体が固体なのか，液体なのか，気体なのかは，それを構成する原子や分子の性質が決めているんです。

目には見えない原子や分子の結合が，物質の状態を大きく左右していたわけなんですね！

偉人伝③

周期表をつくった，ドミトリ・メンデレーエフ

ドミトリ・メンデレーエフ（1834～1907）は，元素周期表を考案したロシアの化学者です。メンデレーエフは，1834年，シベリアのトボリスクに，中学校校長の父イヴァンと母マリアの14人兄弟の末っ子として生まれました。父イヴァンは，メンデレーエフが幼いうちに失明してしまい，気丈な母マリアがガラス工場を経営して一家を養いました。メンデレーエフが14歳のとき，父イヴァンが亡くなり，さらにガラス工場が火事で焼けて，一家は困窮しました。メンデレーエフは母マリアにつれられて，サンクトペテルブルクに移り住み，1850年にサンクトペテルブルク大学に入学しました。それを見届けた母マリアは，まもなく病で亡くなりました。

夢がヒント？　周期律の発見

メンデレーエフは勉学に励み，1855年に大学を首席で卒業しました。卒業後は，中学校の理科の教師になりましたが，研究者を志して大学に復学しました。

1867年にはサンクトペテルブルク大学の一般化学の教授となりました。そのときに，教科書として『化学の原理』の執筆をはじめ，当時化学者たちを悩ませていた「元素の並び方」の解説を考えたことが，周期律の発見につながりました。周期律発見には，面白い逸話が残っています。並び順を考えながら，メンデレーエフは居眠りをしてしまいました。その夢の中に，すべての元素が原子量の順に並んだ表が現れたと

いうのです。

周期表を発表した1869年当時，化学者たちは懐疑的でしたが，メンデレーエフが予言した未知の元素が次々に発見されると，周期表は世界中で認められるようになりました。1906年にはノーベル化学賞にもノミネートされましたが，わずか1票の差で受賞には至りませんでした。

いろいろな場所に残る，メンデレーエフの名前

周期律の研究の後，メンデレーエフは農業実験や石油の利用法など，ロシアの産業発展に関わる多くの分野で研究・著作をおこないました。1907年にインフルエンザで死去しました。

メンデレーエフの名前を冠して名づけられたものがいくつかあります。1955年に発見された101番目の元素は，「メンデレビウム」と名付けられました。また，モスクワ地下鉄には「メンデレーエフスカヤ駅（メンデレーエフの駅）」があり，構内の照明は分子模型の形をしています。

3

時間目

身のまわりに
あふれるイオン

STEP 1

イオンとは何か？

原子が電子を放出したり，受け取ったりすると，イオンになります。イオンとはどういうものなのか，その基本をSTEP1でおさえておきましょう。

「イオン」とは，電気を流すと動く粒子

この3時間目のテーマは**イオン**です。
イオンは生活の中のさまざまな現象と関係しています。
電池やサビ，神経信号の伝達などイオンがかかわる反応をあげるとキリがありません。

そういえば，**スポーツドリンク**にもいろんなイオンが入っているってCMでやっていました。

血液中にはさまざまなイオンが溶けていて，イオンが不足すると，いろんな不具合が生じます。
スポーツドリンクは，汗と一緒に体外に出て行ってしまったイオンを補給できるようになっているんです。

ふむふむ。
イオンって，2時間目にも少し登場しましたよね。
イオン結合のところで。

そうですね。
イオンとはどういうものか覚えていますか？

たしか，プラスやマイナスの電荷をもつものだって……。

ええ，その通りです。
電子を受け取ったり放出したりして，電荷をおびるようになった原子，あるいは原子団のことをイオンといいます。

ああ，そうそう！

この3時間目STEP1ではイオンとはどういうものなのかをさらにくわしく説明しましょう。そしてその次のSTEP2で具体的にイオンがかかわる反応の例を見ていきます。
まずは，イオンがいかにして発見されたのか，その歴史から紹介していきます！

はい，お願いします！

イオンの存在について考える契機となったのは，イタリアの科学者**アレッサンドロ・ボルタ**（1745～1827）がはじめて**電池**を発表したことです。

アレッサンドロ・ボルタ
（1745～1827）

電池とイオン？
どんな関係があるんでしょうか？

ボルタの電池の両端に針金をつないで**水**にひたすと，それぞれの針金から気体が発生することがわかりました。気体を調べると，すでに発見されていた**酸素**と**水素**だと判明しました。

ボルタ電池

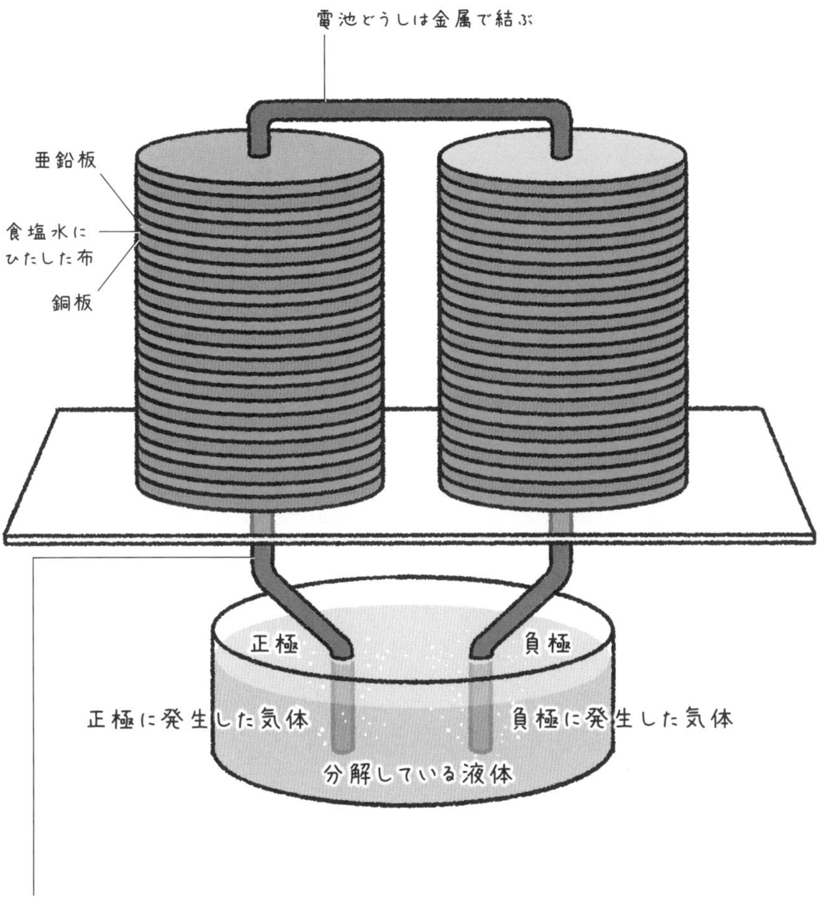

電池に金属を接触させ，その先に針金をつけて，液体につけます。それを電極としました。図では模式的に，針金だけえがきました。

水が水素と酸素に分解されたということでしょうか？
そういえば，昔，理科の授業で，水に電気を流して分解するって実験をやったような覚えがうっすらとあります。

その通りです。水に電気が流れて，水が水素と酸素に分解されたんです。
これを聞いた多くの研究者たちは，こぞってさまざまな液体に電気を流すことを試みるようになりました。しかし当時は電子の概念がなく，電気は未知の現象でした。

水に電気を流すと水が分解されるのがなぜなのか，わかっていなかったんですね。

ええ。
そんな中，イギリスの科学者，**マイケル・ファラデー**（1791～1867）は，厳密な実験を行うことで，電気の性質を次々と明らかにしました。
そしてファラデーは，電気で物質が分解するしくみを独自の説で解説するようになります。

マイケル・ファラデー
（1791～1867）

ファラデーは，電気を流すと，物質は電気の影響を受けて分解され，分解された物質が電極に向かうと考えました。

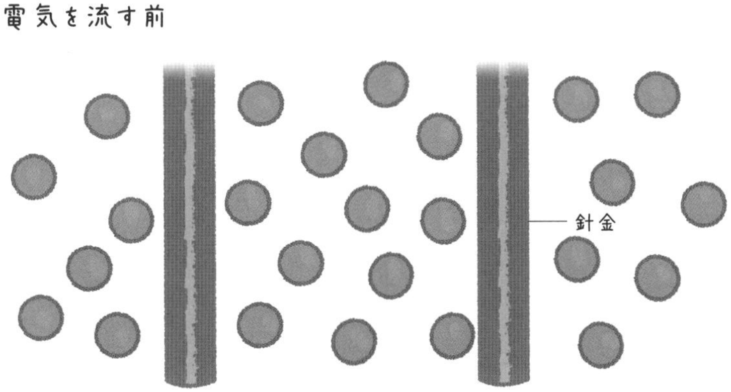

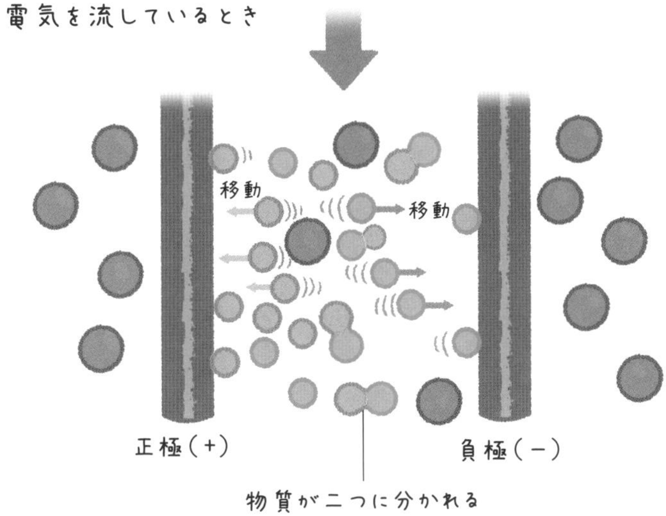

このとき，電極に引き寄せられるように向かう物質を，ギリシア語の“行く”にちなんで**イオン（ion）**と命名したんです。
さらに，マイナス極（負極）に“行く”物質を**陽イオン**，プラス極（正極）に“行く”物質を**陰イオン**としました。
これが1834年のことです。

イオンには**行く**という意味があったんですね！

はい。
ただし，ファラデーはイオンの実体が何であるかを知りませんでした。

イオンの実体はだれが明らかにしたんでしょうか？

イオンの実体が電気をおびた原子あるいは原子団であることを明らかにしたのは，スウェーデンの**スバンテ・アレニウス**（1859～1927）です。
ただし，アレニウスのこの主張はなかなか受け入れられませんでした。

なぜですか？

当時，原子はそれ以上分割できない**最小単位**と考えられていたからです。そのような原子がどのように電気をもつのか，当時は理解できませんでした。

原子の構造がまだわかっていなかったんですね。

しかし，のちに原子は「陽子」と「中性子」からなる原子核と，マイナスの電荷をもつ電子からなっていることが解明されました。
これによって，アレニウスの説が正しいことが確かめられました。アレニウスはその業績により，1903年にノーベル化学賞を得ています。

スバンテ・アレニウス
（1859～1927）

原子の構造が明らかになってはじめて，イオンの正体が認められたんですね。

原子とイオンは，電子の数がちがう

それでは，2時間目のおさらいもかねて，イオンとはどういうものなのかを，原子の構造から説明しましょう。
まず，すべての原子は，陽子と電子の数が同じです。
たとえば，**ナトリウム原子**には陽子と電子が**11個**ずつあります。
ここから，電子を一つ失ったのが**ナトリウムイオン**です。ナトリウムイオンは，電子が合計10個になり，陽子と電子の数が一致しなくなります。

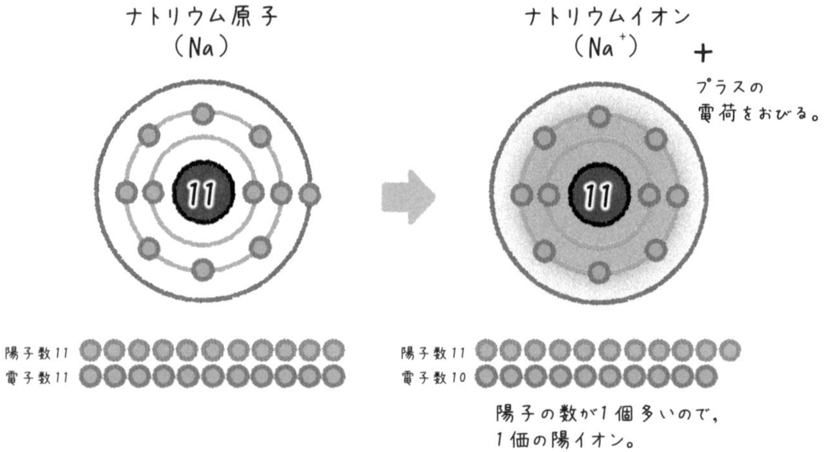

ナトリウムイオンになると，電子の数よりも陽子の数の方が一つ多くなるんですよね。

そうです。
陽子はプラスの電荷をもち，電子は同じ大きさのマイナスの電荷をもっています。
そのため，陽子の数が電子の数よりも一つ多いナトリウムイオンは，全体がプラスの電荷をおびることになります。

たしか，プラスの電荷をおびたイオンが陽イオンでしたね。

その通りです。
ナトリウムイオンの場合，電子が1個少ないので，**1価の陽イオン**と表現します。

ん？ **1価？**
2価とか3価とかもあるんですか？

たとえば，酸素で考えてみましょう。
酸素原子は**陽子を8個**，**電子を8個**もっています。
酸素がイオンになると，**陽子8個**，**電子10個**になります。

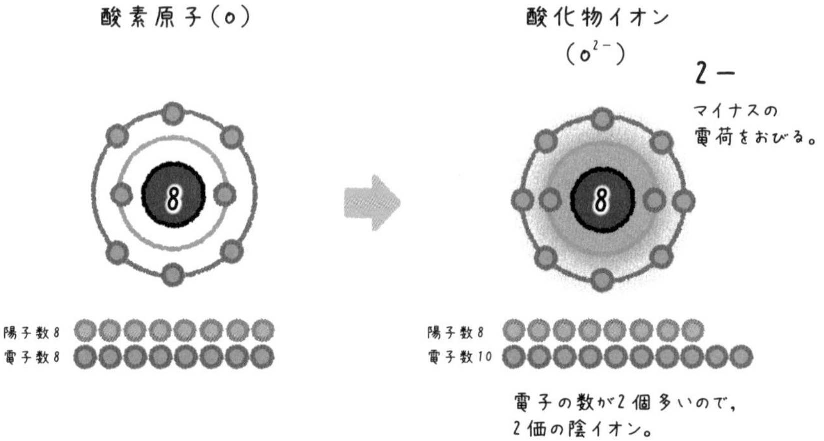

電子が8個から10個に。酸素はイオンになるときに電子を2個も獲得するんですね。欲張りですね。

そうです。
すると，酸素イオンは，電子が陽子よりも2個多くなります。酸素イオンは電子2個分マイナスの電荷をおびるので，**2価の陰イオン**と表現します。

なるほど。

価数は，受け取ったり獲得したりする電子の数と一致します。
ほかのイオンもさらっと見ておきましょう。
塩素原子であれば，電子を一つ獲得して1価の陰イオンになります。

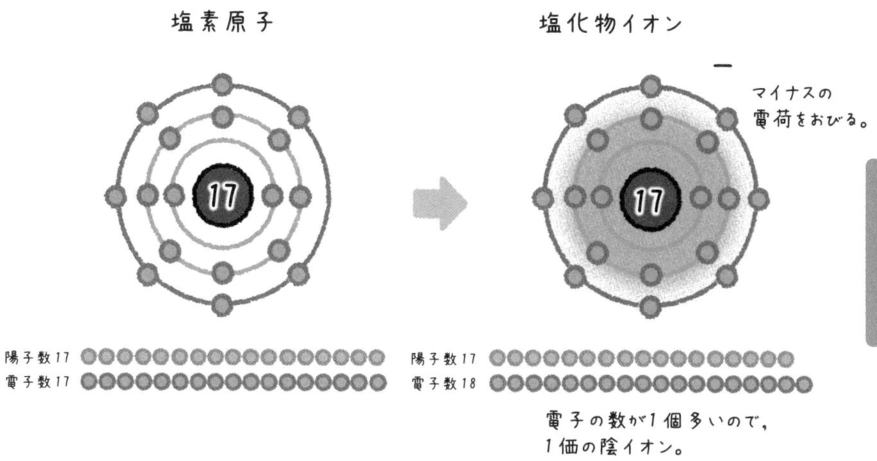

マグネシウム原子であれば，電子を二つ失って2価の陽イオンになります。

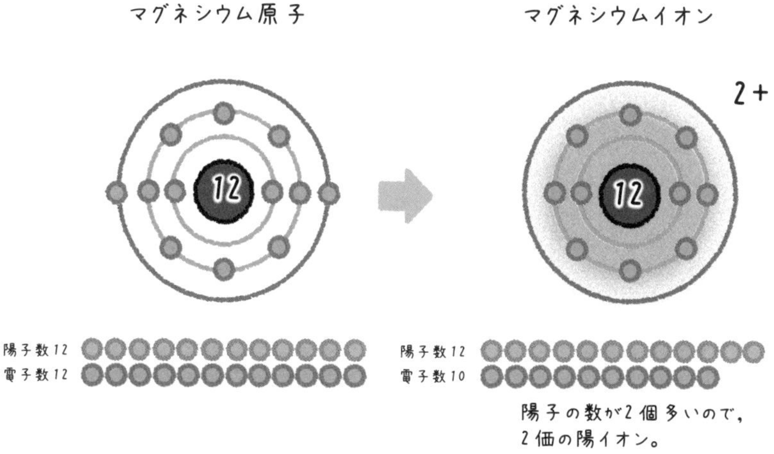

電子殻の空席の数がイオンへのなり方を決める

原子によって，何価のイオンになるのかはバラバラなんですね。
どの原子が，どんなイオンになるのか，決まりはあるんでしょうか？
も，もしかして原子一つずつ覚えないといけない……？

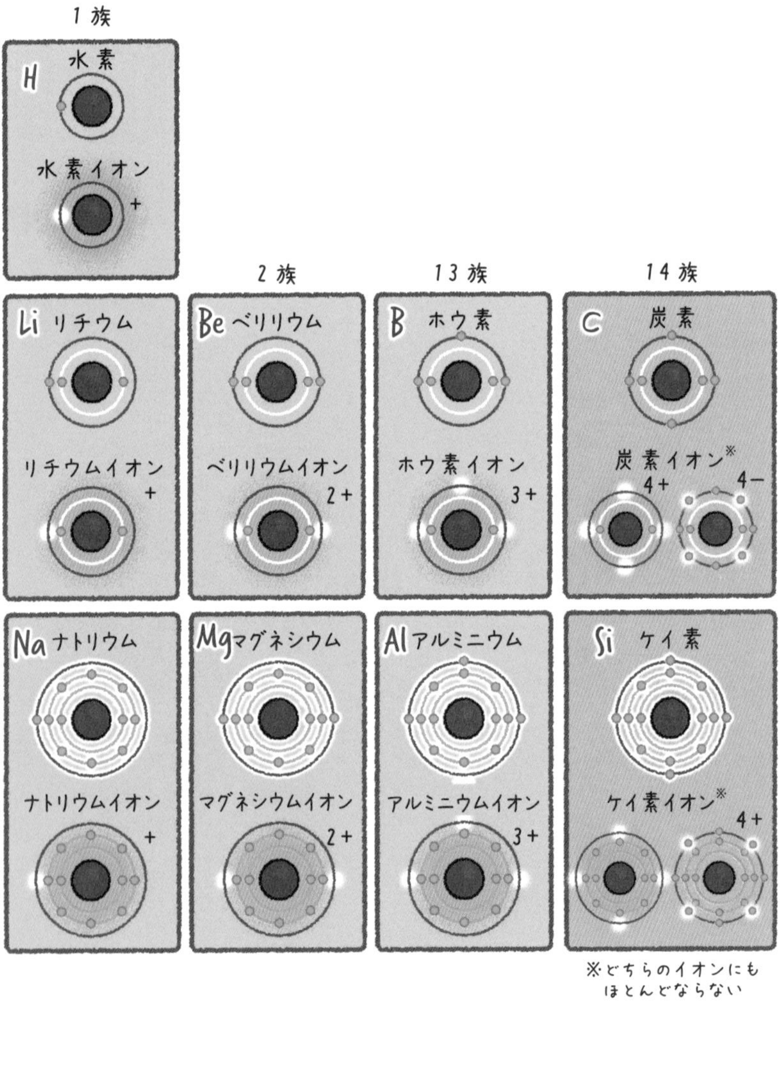

では，ここでさまざまな原子の電子配置と，それがイオンになったときの電子配置を見てみましょう。
それぞれ表の上に原子の構造，下にイオンをえがいています。

うーん，原子がどんなイオンになるのか，法則性はあるんでしょうか？

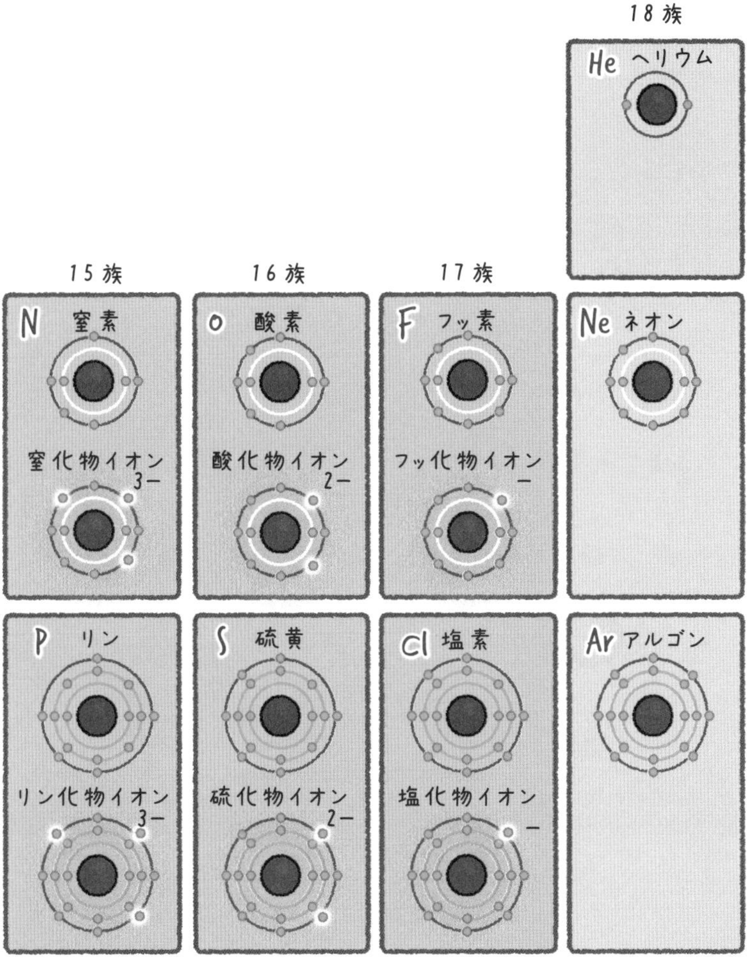

法則性を見つけるカギは**最外殻の電子**にあります！

また最外殻！
最外殻の電子はよく登場しますね。

はい，それだけ最外殻の電子が，原子の化学的性質に大きな影響をあたえているんです。
さて，ここで思いだしてほしいのは，**最外殻にある電子の席がすべて埋まると，安定した状態になる**，という点です。

ふむふむ。

たとえば，塩素原子（Cl）を見てください。

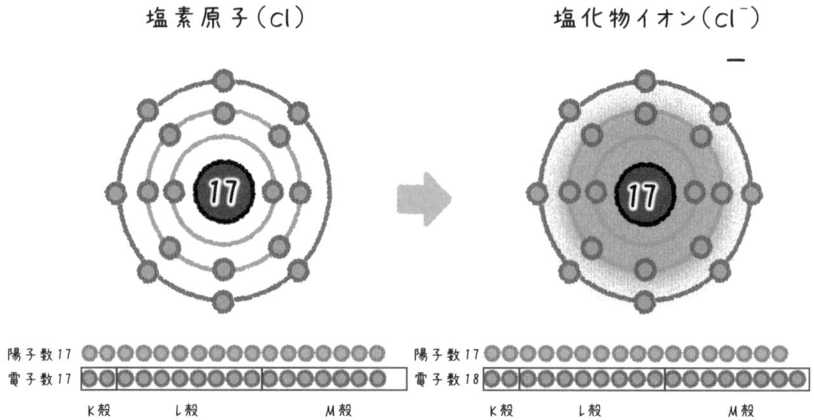

塩素原子は，定員8の最外殻に7つの電子をもっています。そのため，電子が1個ふえると，空席が埋まって安定します。

あっ，そういえば，2時間目でもやりましたね。
最外殻を埋めるように，原子はイオンになるんでしたね。
つまり，塩素原子は，電子を1個獲得して，**1価の陰イオン**になりやすいということですね。

そのとおりです！
今度は**酸素（O）**を見てみましょう。
酸素は，定員8の最外殻に6個の電子をもっています。
だから，2個の電子を獲得して，**2価の陰イオン**になりやすいんです。

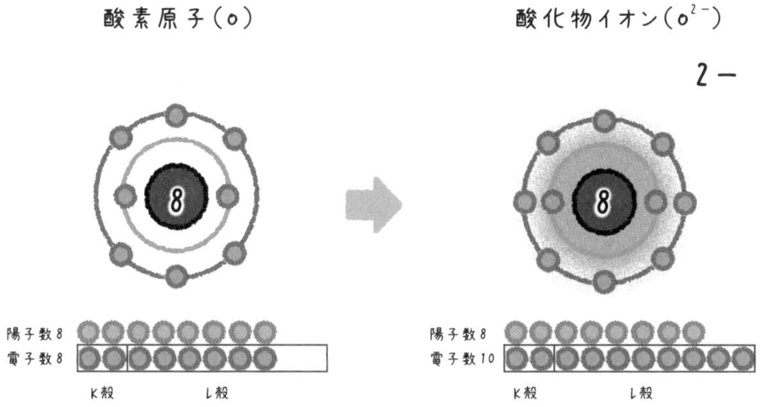

なるほど〜。最外殻の電子数から，何価のイオンになるのかわかるわけですね！　さっきの周期表を見るとたしかに縦の列に同じ価数のイオンがそろってる！
あれっ，でも表を見ると，**18族**のところは原子構造だけで，イオンがえがかれていません。これはなぜですか？

18族の原子は，すでに最外殻の空席が埋まっています。ですから，これらの原子はめったにイオンにならないんです。

ヘリウムイオンやネオンイオンなどは，めったに存在しないんですね。

はい。
さて，ここまで見たように，**原子は，最外殻の空席の数によって，電子がいくつ増減してイオンになるのかが決まります。**
周期表の縦の列は，最外殻にある空席の数がほぼ同じであるため，イオンになるとき，電子の増減する数がおおよそ同じになります。つまり，イオンのなり方も周期表の縦の列で似ているんです。

そうか，どんなイオンになるのか，周期表を見ればわかるんですね！　一つずつ覚えなくていいのか。
やっぱり周期表って，**すっごく便利ですね！**

STEP 2

イオンがおこす身近な化学反応

イオンは身のまわりのさまざまな現象にかかわっています。酸と塩基，電池，金属のさびなどのテーマを通して，イオンがかかわる身近な化学反応を見ていきましょう。

水分子が連れ去ることで，塩は溶けていく

ここからはイオンがかかわる身近な現象を紹介していきます。
まずはじめに紹介するのは，**食塩が水に溶けていく現象**です。

食塩ってたしか**ナトリウムイオン**と**塩化物イオン**がくっついたものですよね。

よく覚えていましたね。
2時間目でやったように，ナトリウムイオンのプラスの電荷と，塩化物イオンのマイナスの電荷が引き合って結合したのが**塩化ナトリウム**，すなわち**食塩**です。

たしかイオン結合で結びつくんでしたよね！

いいですね！
食塩の結晶は，ナトリウムイオンと塩化物イオンが規則正しく並んだ構造をしています。

食塩（塩化ナトリウム）の固体

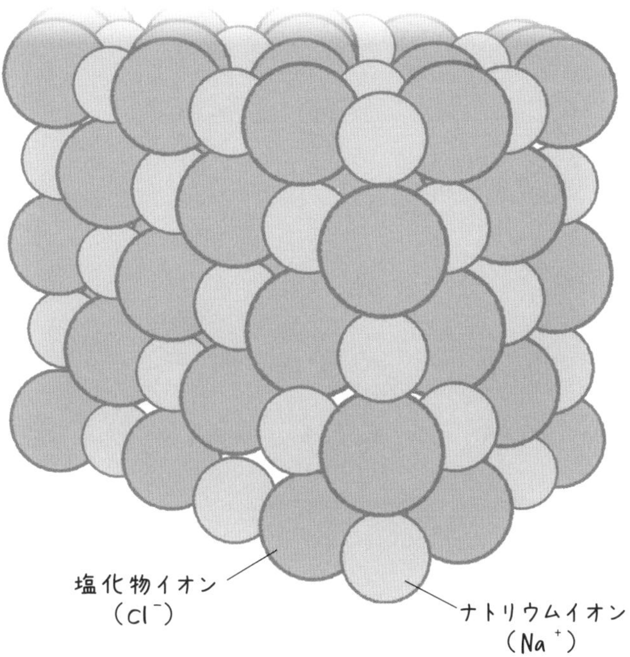

この食塩の結晶を水に入れると，粒が徐々に溶けていき，やがて見えなくなります。
このとき何がおきているのかをミクロなレベルで考えてみましょう。

うーん，よく考えると，溶けるってどういうことなんでしょうか。

物質が水に溶けるのは，物質が水分子と均一にまざることでおきます。
次のイラストは，食塩の結晶が水に溶けていくようすをえがいたものです。

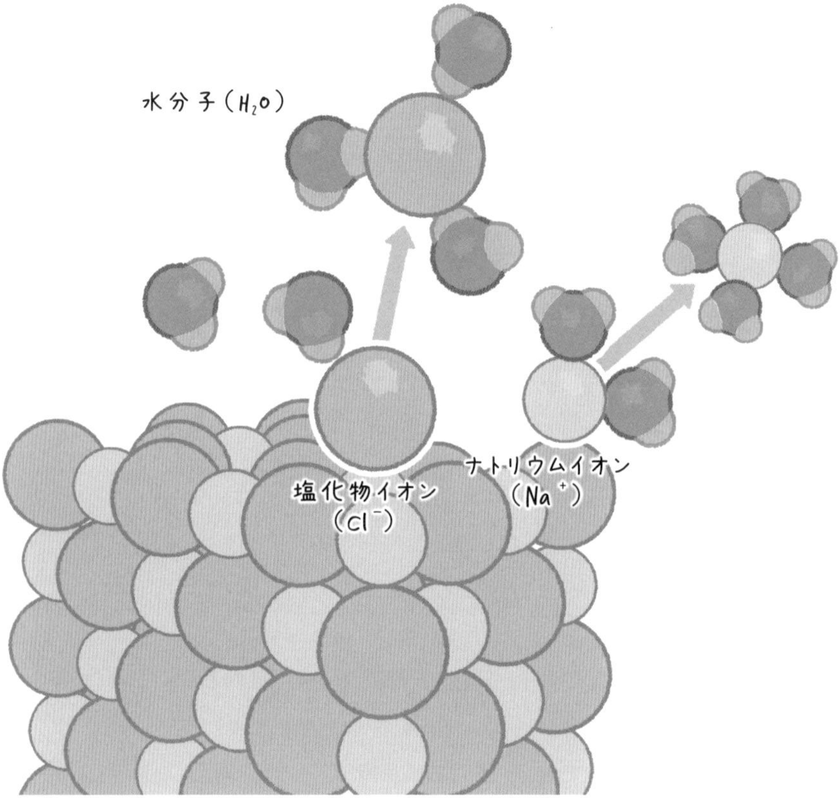

食塩（塩化ナトリウム）の固体

食塩を水に入れると，水分子によって，ナトリウムイオンと塩化物イオンにばらばらに分けられて溶けていきます。

まるで水分子に連れ去られるみたいですね。

食塩は，ナトリウムイオンと塩化物イオンがイオン結合で強く結びついたものですよね。
なぜ水に入れるとばらばらに分かれるんでしょうか？

それは，水に**極性**があるためです。
覚えていますか，極性？

えっ，きょくせい？
うーん，よく覚えてません……。

2時間目に登場していますよ。
水分子を構成する水素原子と酸素原子は，電子を引っ張る力にちがいがあるため，1個の水分子には，弱いプラス（δ＋）をもつ部分と弱いマイナスをもつ部分（δ−）があります。これが極性です。

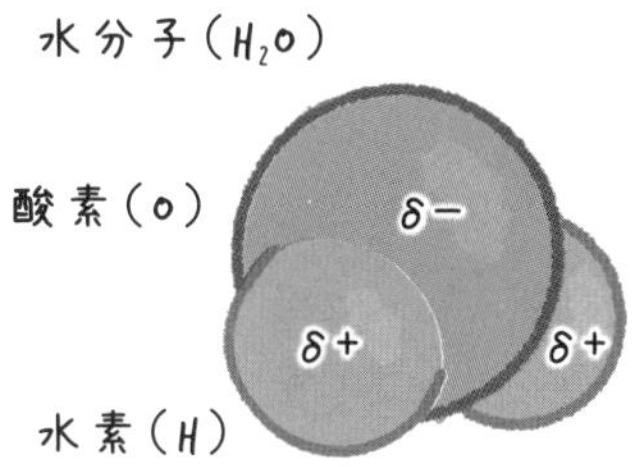

あーっ，思いだしました。
極性があるために，水分子どうしはゆるく引き合っているんでしたよね。
でも，水分子の極性と食塩が溶けていく現象と，何の関係があるんですか？

食塩を水の中に入れると，**プラスの電荷をもつナトリウムイオンと水分子のマイナス部分が引き合います。また，マイナスの電荷をもつ塩化物イオンとは，水分子のプラス部分が引き合います。**
こうして，それぞれのイオンをいくつもの水分子が取り囲むことで，食塩の固体から引き抜いていくのです。

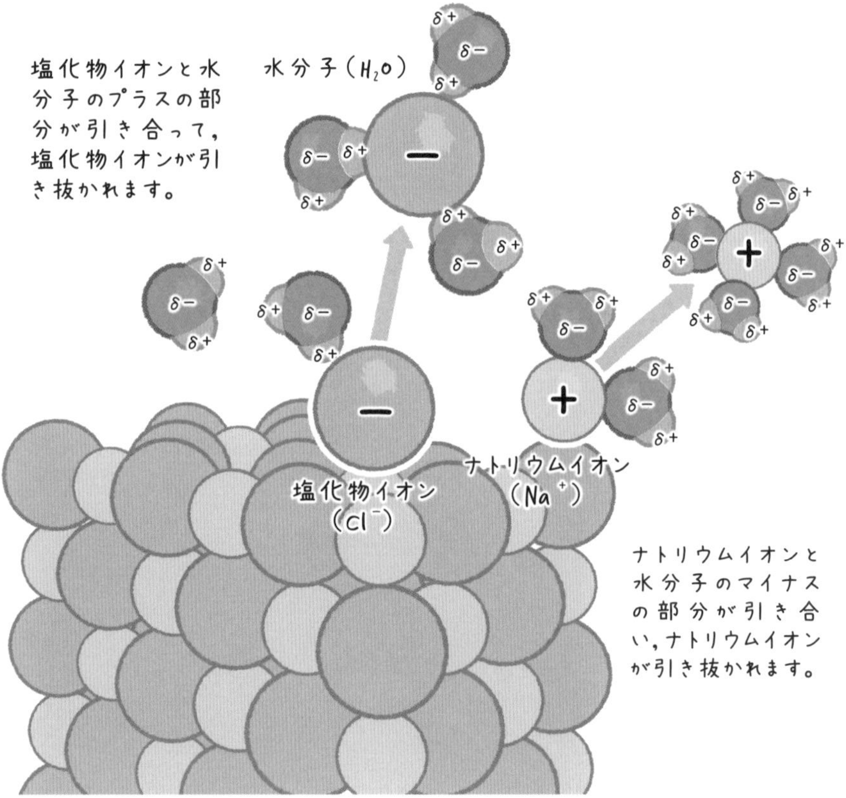

食塩（塩化ナトリウム）の固体

そっか，水分子はプラスの部分とマイナスの部分を持っているから，それぞれのイオンと引き合って連れ去ってしまうんですね。

その通りです。
食塩のように，水中でイオンに分かれる物質のことを**電解質**といいます。逆にイオンに分かれない物質のことを**非電解質**といいます。

電解質と非電解質……，覚えておきます。

ちなみに，ナトリウムイオンと塩化物イオンが溶けた水溶液を乾燥させたり，温度を下げたりすると，逆に食塩の結晶ができます。

ばらばらに溶けた状態から，きれいに並んだ結晶になるんですか？
なんだかすごいですね。

はい。実は私たちの研究グループは，世界ではじめて，食塩の結晶ができるようすを，原子レベルの映像としてとらえることに成功しているんです。

えっ!?　映像で？
しかも，原子レベルって!?
ナトリウムイオンと塩化物イオンが整列した結晶ができる過程を映像で見ることができるんですか？

その通りです。
カーボンナノチューブという，炭素原子でできたナノメートルサイズの“カゴ”の中に，塩化ナトリウムの水溶液を入れて乾燥し，**電子顕微鏡**で観察しました。

すると，イオンが集まって結晶に変化していくようすがリアルタイムで見られたのです。
はじめに，ナトリウムイオンと塩化物イオンの集合体ができ，そこから，両者が秩序だって並んだ微小な結晶（結晶核）ができるようすが動画としてとらえられました。

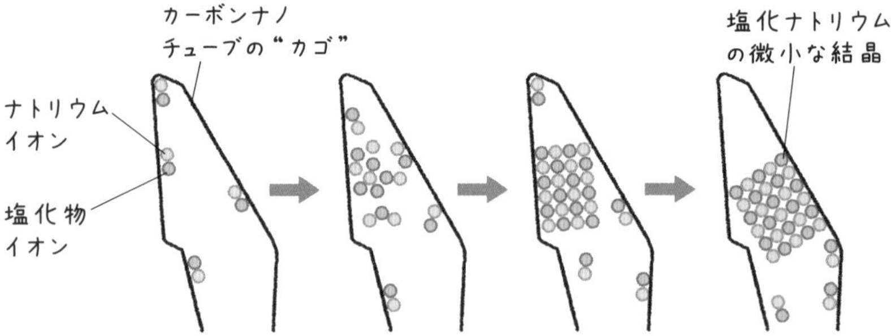

めちゃすごい！

原子や分子のレベルで化学現象を映像で見る，というのは化学者たちが長年追い求めてきた夢です。食塩の結晶形成の映像化は，**「映像分子科学の幕開け」**だといえるでしょう。今後もさまざまな化学現象を，分子や原子のレベルで映像化する技術が発展していくことでしょう。
化学ってなんだかわからない，と悩んでいるあなた！そうなると，化学の勉強って，めっちゃ楽しくなると思いますよ。

魚に塩を振るのは，くさみをぬくため

次は**魚料理**と**食塩**の化学を紹介しましょう。
焼き魚をつくるとき，焼く前の生魚に**食塩**を振ります。

ええ，味付けのためですよね。

はい。振り塩の目的の一つは塩味をつけるためです。
でも，目的はほかにもあるんです。

味付けだけじゃない？　どういう目的があるんですか？

それは，**魚の身から水分をぬいて身をしめるためです。**
また，同時にくさみの成分を抜くこともできます。

食塩が魚の水分をぬく？
食塩を振るとなぜそんなことがおきるんですか？

魚に塩をふった時に何がおきるのか考えていきましょう。まず，魚に食塩をふると，身の表面に濃い塩水の層ができます。このとき，食塩は溶けて，ナトリウムイオンと塩化物イオンに分かれて存在します。

さっきやりましたね。
水分子と電気的な力で引き合うから，ナトリウムイオンと塩化物イオンがばらばらになるんでしたよね。

はい，その通りです。
そしてナトリウムイオンと塩化物イオンは，それぞれ水分子をまとって**大きな構造**になります。

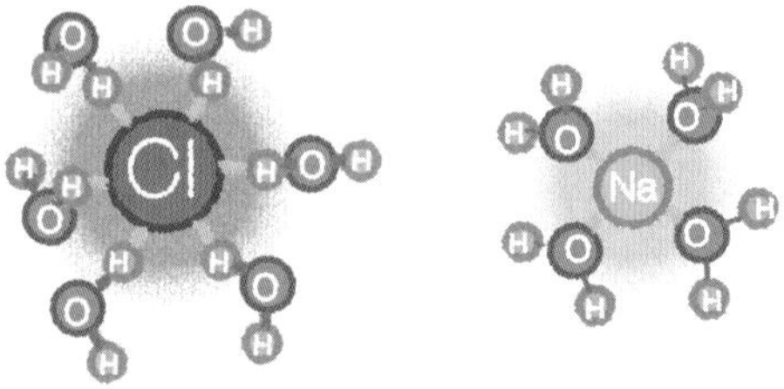

イオンが水をくっつけちゃうんですね。

ここで，魚の方に注目します。次のページのイラストを見てください。
魚の細胞表面をおおう細胞膜には，穴が空いており，水分子はその穴を出入りすることができます。

ふむふむ。

ところが，**大きな構造となったナトリウムイオンや塩化物イオンは穴を通り抜けることができません。**
さらに，これらのイオンは，水分子の移動をさまたげます。その結果，細胞の外側（塩水）から細胞内へ，水分子が通過しづらくなるんです。
一方で，細胞内から外側の塩水へは，水分子がどんどん移動していきます。
こうして魚の細胞内から，外へと水が出ていくんです。

魚の身に塩をふると，細胞内から水が出てくるわけですね。

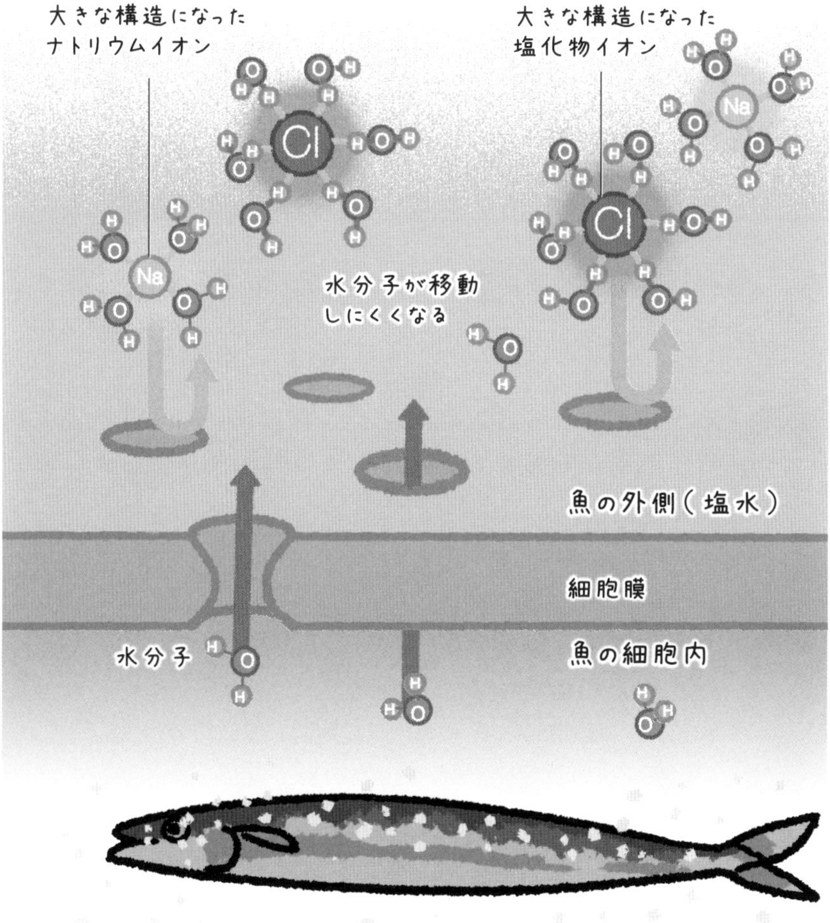

ええ，そうなんです。
水がしみ出ることによって魚の身はしまります。
さらに，水と一緒にくさみの成分も出ていきます。

なるほど〜。
魚に塩を振るのにはそういう理由があったんですね。

はい。
魚の細胞膜のように，小さな水分子は通すけど，それよりも大きな物質を通さない膜を**半透膜**といいます。
塩を振ったときの魚の細胞膜のように，塩分濃度のことなる水溶液の間に半透膜があると，水は塩分の濃い側へと移動します。
半透膜を介して水を移動させる圧力のことを**浸透圧**とよびます。

あっ，そういえば，**なめくじやカタツムリ**に塩をかけると身がちぢんで死んでしまうって聞いたことがあります。
それも同じ原理でしょうか？

ええ，その通りです。
なめくじに塩をふると，浸透圧によってなめくじの細胞から水が抜けていき，ひからびたようになります。

やっぱりそうか！

それから，**目薬**も浸透圧を考慮してつくられています。

目薬？

水道水を**眼**に入れると，痛みますよね。
眼の細胞内は，水道水よりも物質の濃度が高くなっています。そのため，水が眼の細胞内へと流れこみ，眼の細胞が膨張して，痛みを感じるんです。

そこで，目薬は，痛みを感じないように，体液とほぼ同じ浸透圧に調整されています。

水道水が眼に入ると痛いのは，眼の細胞が膨張していたからだったんですね。ちょっと怖いな……。

酸性かアルカリ性かはイオンが決める

次のテーマは**酸と塩基**の化学です。

えんき？

アルカリといった方がなじみがあるかもしれません。
塩基のうち，水に溶ける物質をアルカリといいます。

あぁ，酸とアルカリなら，昔理科で習った覚えがあります。
たしか**リトマス試験紙**の色を変えるんでしたよね。

そうです。小学校の理科の時間などで実験したかもしれませんね。
身近なところでは，たとえばレモンには，**クエン酸**という**酸**が含まれています。
このせいでレモンを食べるとすっぱく感じます。

レモンは酸が含まれているから，すっぱいんですね。
そもそも酸って何なんですか？

酸とはずばり，水に溶けたときに**水素イオン（H^+）**を放出（解離）する物質です。

むむむ。
どういうことでしょうか？

たとえば，**塩化水素（HCl）**を水に溶かすと，**水素イオン（H^+）**と**塩化物イオン（Cl^-）**が生じます。

酸

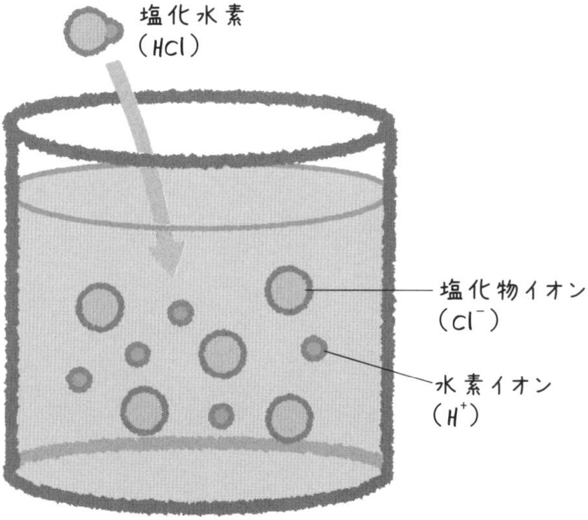

酸は水素イオンを生じる

こんなふうに，水素イオン（H^+）を放出する物質が酸です。酸に酸味があるのは，酸から生じた水素イオンが舌の**味覚センサー**を刺激するためです。
酸はほかにも，金属と反応して水素を発生させるなどの性質をもちます。
このような酸の性質，すなわち酸性は，水素イオンがもたらします。

酸は水素イオンを放出する物質，っと。

酸には強さがあります。
水に溶けた際に，ほぼすべての分子から水素イオンが解離する酸を**強酸**といいます。塩酸や硫酸は強酸です。
これに対して一部の分子からしか水素イオンが解離しない物質を**弱酸**といいます。
酢酸やクエン酸は，水に溶かしても一部の分子からしか水素イオンが解離しないので，弱酸です。

水素イオンをすべて放出する物質が強い酸で，あまり放出しないのが弱い酸ということですね。

その通りです。
さて，次は**塩基**です。
塩基は，水に溶かすと**水酸化物イオン**（OH^-）を生じる物質です。

水酸化物イオン？

たとえば，水酸化ナトリウム（NaOH）は，水に溶けると，ナトリウムイオン（Na^+）と水酸化物イオン（OH^-）にわかれますので，塩基です。

塩基（アルカリ）

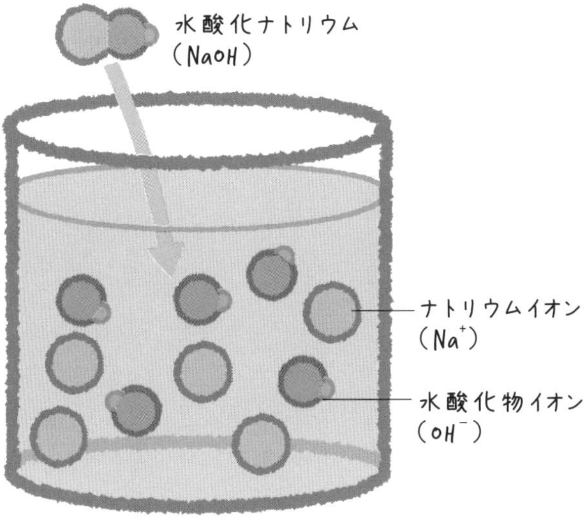

塩基は水酸化物イオンを生じる

それから，アンモニア（NH_3）も塩基です。

水酸化ナトリウムは化学式の中にOHがあるからわかりやすいですけど，アンモニアはなぜ塩基なんですか？

アンモニアを水に溶かすと，水（H_2O）から水素イオン（H^+）を奪って，アンモニウムイオン（NH_4^+）と水酸化物イオン（OH^-）を生じるんです。

塩基（アルカリ）

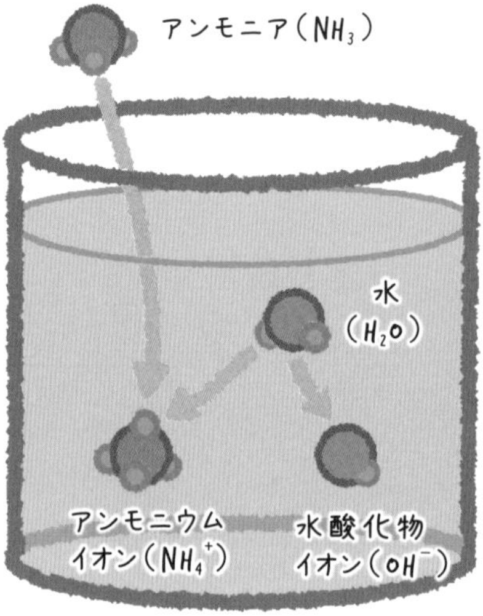

塩基は水酸化物イオンを生じる

そっか，アンモニアは水から水素イオンを引き抜いて，水酸化物イオンにしてしまうんですね。

塩基の水溶液は，苦味があり，タンパク質などを溶かすという性質をもちます。
このような塩基の水溶液の性質を**塩基性**や**アルカリ性**といいます。塩基の性質は，水酸化物イオンがもたらします。

水素イオンがたくさんあると酸性になって，水酸化物イオンがたくさんあると塩基性になるんですね。

その通りです。
水素イオンの濃度が高いと酸性が強く，水酸化物イオンの濃度が高いと塩基性が強くなります。
このような酸性・塩基性の強さは，数値であらわすことができます。そのときに使うのが**pH**です。

ぴーえいち？
なんか聞いたことがあります。

はい。
pHの値は，水溶液中の**水素イオンの濃度**に対応しています。たとえば，水素イオンの濃度が水溶液1リットルあたり**10^{-2}（＝0.01）モル**であるとき，10の指数からマイナスをとった値がpHになります。この場合は，**pH2**となります。

pH2って酸性なんですか，塩基性なんですか？

pHは，0から14までの値をとって，0に近いほど強い酸性であり，14に近いほど強い塩基性です。ですから，pH2はけっこう強い酸性ですね。
酸性でも塩基性でもない状態を**中性**といい，その**pHは7**です。
ちなみに，レモンのpHが2くらいです。

1リットルあたりの水素イオン(モル)

1	$= 10^{0}$	pH0	酸性
0.1	$= 10^{-1}$	pH1	
0.01	$= 10^{-2}$	pH2	
0.001	$= 10^{-3}$	pH3	
0.0001	$= 10^{-4}$	pH4	
0.00001	$= 10^{-5}$	pH5	
0.000001	$= 10^{-6}$	pH6	
0.0000001	$= 10^{-7}$	pH7	中性
0.00000001	$= 10^{-8}$	pH8	
0.000000001	$= 10^{-9}$	pH9	
0.0000000001	$= 10^{-10}$	pH10	
0.00000000001	$= 10^{-11}$	pH11	
0.000000000001	$= 10^{-12}$	pH12	
0.0000000000001	$= 10^{-13}$	pH13	
0.00000000000001	$= 10^{-14}$	pH14	塩基性

ふむふむ。
そういえば，**酸性雨**ってありますよね。
あのpHはどれくらいですか？

酸性雨というのは，二酸化硫黄や窒素酸化物などが雨や雪に溶けこんで，酸性になる現象ですね。
一般的には**pH5.6**が目安となっています。
これを下回ると酸性雨です。

レモンよりは酸性雨の方が中性に近いんですね。

いやぁ，レモンくらい酸っぱい雨が降ってきたらビックリですよ。

グレープフルーツに重曹をかけると，酸味がやわらぐ

ここまで紹介した酸と塩基は**対**となるような関係にあります。
両者が反応すると，おたがいの性質を打ち消し合うんです。

ほぅ。

たとえば，強酸である**硫酸**（H_2SO_4）と強塩基である**水酸化バリウム**（$Ba(OH_2)$）を反応させると，水素イオンと水酸化物イオンが結合して水が生じます。
水素イオンと水酸化物イオンが消失するため，酸性・塩基性は打ち消されます。

H^+とOH^-が結合するわけか。

また，このとき同時に**硫酸バリウム**という物質もできます。
硫酸バリウムのように酸と塩基が反応して生じる化合物を**塩**といいます。
そして酸と塩基が反応し，塩が生じることを**中和**といいます。

中和がおきると酸性・塩基性が打ち消されるんですね。

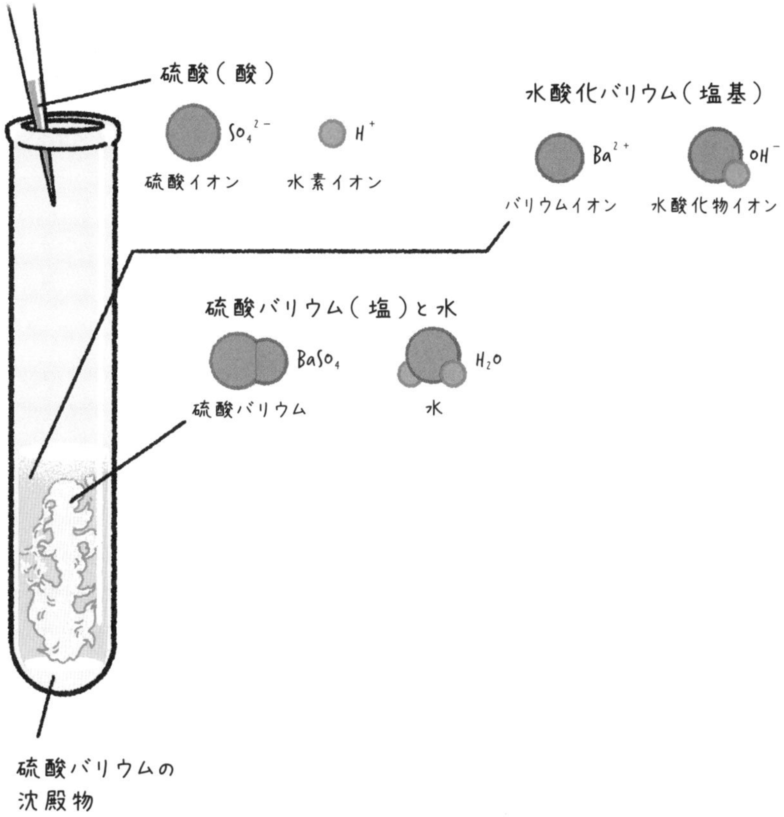

たとえば，グレープフルーツの酸味は，**クエン酸**という酸が主な原因です。
ここに，食用の**重曹（炭酸水素ナトリウム）**をふりかけると，すっぱさをやわらげることができます。
酸性のクエン酸と，塩基性の炭酸水素ナトリウムが中和して酸性と塩基性が打ち消されるためです。

へぇ，おもしろそう！
グレープフルーツと食用の重曹を買って試してみます！

さてここで，少しむずかしいですが，酸と塩基について補足しておきます。
今まで，水中で水素イオンを放出する物質を酸，水酸化物イオンを放出する物質を塩基と説明してきました。これは**アレニウスの定義**というものです。
このほかにも，少しだけちがう酸と塩基の決め方があります。

ちがう決め方？

はい，**ブレンステッド・ローリーの定義**というものです。こちらでは，2種類の物質を反応させたときに，水素イオンを放りだす物質を酸，水素イオンを受け取る物質を塩基と定義します。この定義であれば，気体どうしの中和反応や水以外の液体に溶かした場合などでも使えます。

酸と塩基の定義に二つもあるなんて……。

洗剤にまぜるな危険……，まぜるとどうなる?

酸・塩基に関連して，「まぜるな危険」と書いてある洗剤についてお話ししましょう。
洗剤の中には，**塩素系洗剤**と**酸性洗剤**があります。
これらの二つをまぜると非常に危険です。

なぜ危険なんでしょうか？
まぜると何がおきるんでしょうか？

その理由をお話しします。
まず，塩素系洗剤の多くには**次亜塩素酸ナトリウム**という物質が入っています。
これは**次亜塩素酸**という弱酸と，**水酸化ナトリウム**などの強塩基が反応してできた塩です。

次亜塩素酸ナトリウム……。

そこに，**塩酸（強酸）**が主成分の**酸性洗剤**を加えると，次亜塩素酸ナトリウムのナトリウムが塩素と結びつき，**塩化ナトリウム**ができます。
そして弱酸である次亜塩素酸が分離します。
次亜塩素酸は非常に分解されやすく，水素イオンと反応して塩素ガスを発生させます。塩素ガスは私たちの体に非常に危険なガスです。吸い込むと一瞬で意識を失い，命を落とすことさえあります。

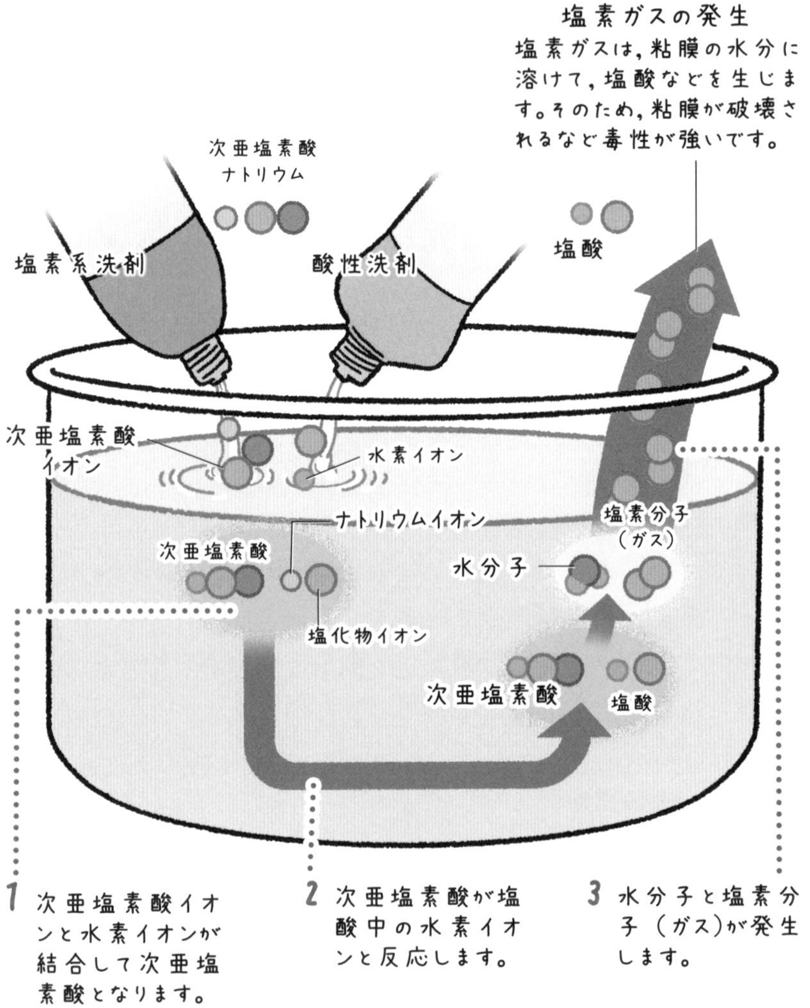

この反応のように，弱い酸（ここでは次亜塩素酸）と塩基（水酸化ナトリウムなど）からできた塩（次亜塩素酸ナトリウム）に，強い酸（塩酸）を加えると，弱い酸（次亜塩素酸）が分離するんです。

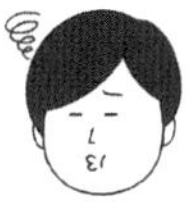

おそろしいですね。まぜるな危険とある洗剤はまぜないように気をつけます。

やっかいなことに，塩素系洗剤は，酸性洗剤だけでなく，次亜塩素酸よりも強い酸であれば，反応がおきてしまいます。
たまたまお酢がかかっていた台所のシンクで，トイレで使うような塩素系洗剤を使用すると，塩素が発生する事故につながりかねません。

うーん，直接洗剤をまぜなくても，使用には十分に注意しないといけませんね。

金属のサビは，酸素がつくっていた

さて，酸と塩基の話はここまでにして，次は**サビ**についての化学です。

サビってたしか0時間目のイントロダクションでもやりましたよね。たしか，アルミニウムと酸素が反応するとサビができるって。

ええ，そうです。
私たちのまわりにある身近な金属のサビは，酸素原子と結びつくことでおきます。
このような反応を**酸化**といいます。

ふむふむ。

たとえば，**酸素ガス**（O_2）中で**銅**（Cu）を加熱すると，**酸化銅**（CuO）になります。これが銅の酸化です。

銅の酸化

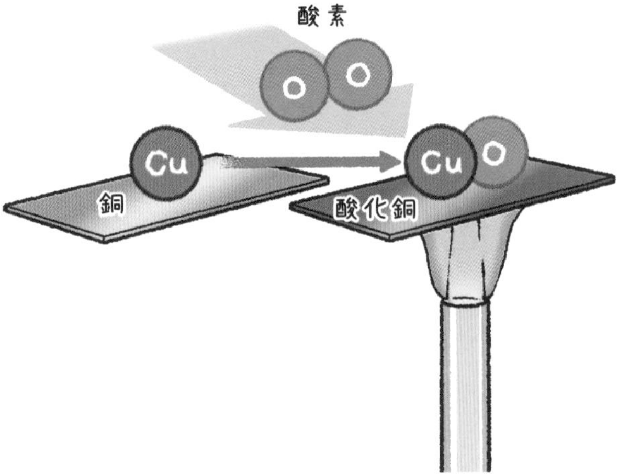

銅原子と酸素が結びつく化学反応というわけですね。

はい。
また，酸化と逆向きの現象を**還元**といいます。
先ほどの**酸化銅**（CuO）に**水素ガス**（H_2）をふきつけながら加熱すると，酸化銅は，酸素を失い銅に戻ります。

酸素を失うことを還元というんですね。

酸化銅の還元

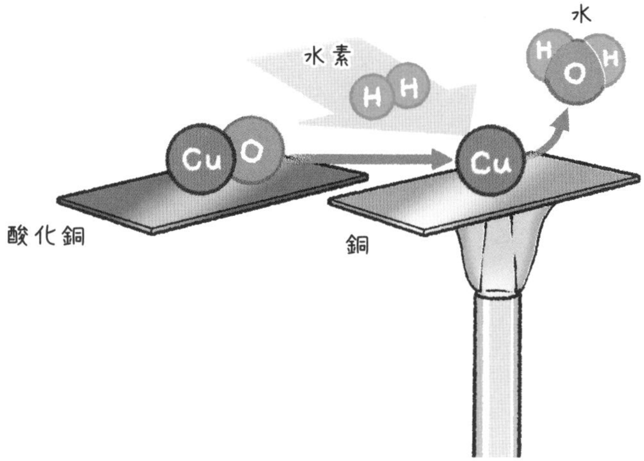

そうです。
ただし，酸素のやりとりをしない反応であっても，酸化・還元とよばれるものがあります。
たとえば，**熱した銅（Cu）**に**塩素ガス（Cl_2）**を反応させて，**塩化銅（$CuCl_2$）**になる反応も，酸化とよばれます。

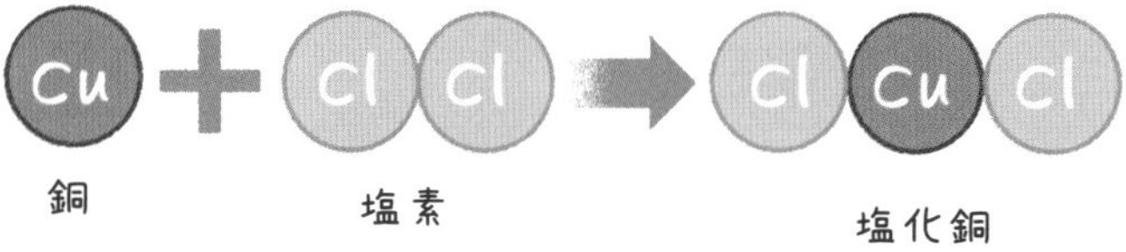

ん？　酸素が全然登場しませんけど，いったいどういうことですか？

酸化・還元には，必ずしも酸素が登場しなくてもいいんです。
広い意味では，酸化・還元は，それぞれ**電子を失うこと（わたすこと）**，**電子を受け取ること**を指します。

どういうことでしょうか？

まずは，銅を酸素ガスと反応させて酸化させる現象について，考えてみましょう。
銅が酸化してできた酸化銅（CuO）は，電子を二つ失った銅イオン（Cu^{2+}）と，電子を二つ獲得した酸素イオン（O^{2-}）からなる物質です。
つまり，この反応の前後で銅は電子を二つ失っていたのです。そのため，銅は酸化されたことになります。

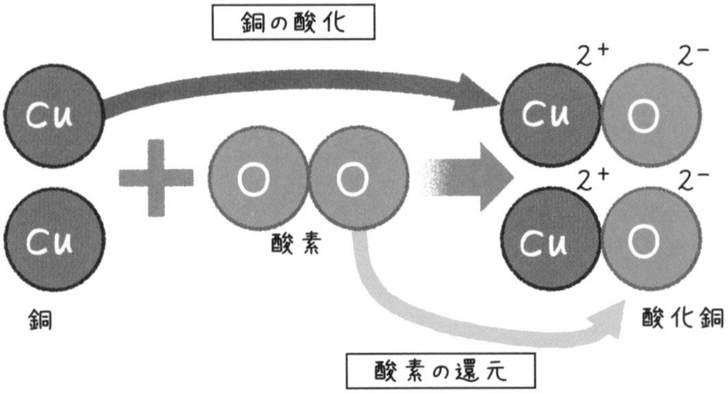

じゃあ還元は？

酸素を見てみると，電子を受け取っていることになります。つまり，酸素は還元されたといえます。
このように，酸化と還元はつねに同時におきる現象です。ちょっとむずかしいですが，化学反応式でも見ておきましょう。

銅原子の酸化　　：$2Cu \rightarrow 2Cu^{2+} + 4e^{-}$
酸素原子の還元：$O_2 + 4e^{-} \rightarrow 2O^{2-}$
全体の反応　　　：$2Cu + O_2 \rightarrow 2CuO$

式に登場するCuは銅，Cu^{2+}は銅イオン，O_2は酸素，O^{2-}は酸素イオン，e^{-}は電子です。

個別の反応式を見ると，銅は電子を放出して，酸素は電子を受け取っていることがわかりやすいですね。
塩素ガスと銅が結合して塩化銅ができる反応はどうなるんでしょうか？

これも酸素と反応するのと同じですよ。
この反応でつくられた**塩化銅（$CuCl_2$）**は，銅が電子を失った**銅イオン（Cu^{2+}）**と，塩素が電子を獲得した**塩化物イオン（Cl^-）**からなる物質です。
反応の前後で銅は電子を失い，塩素は電子を獲得するわけです。つまり銅は酸化され，塩素は還元されたわけです。

銅原子の酸化　：$Cu \rightarrow Cu^{2+} + 2e^-$

塩素原子の還元：$Cl_2 + 2e^- \rightarrow 2Cl^-$

全体の反応　　：$Cu + Cl_2 \rightarrow CuCl_2$

酸素がまったく登場しなくても，電子のやりとりがあれば，酸化・還元というわけですね。

ええ，その通りです。

なんとなくわかりました。

そういえば，いつも使っている自転車の鉄のフレームがさびてきたんですよ。
これって銅を加熱する実験と同じような酸化反応が鉄でおきたということですか？

うーん，私たちの身近でおきる鉄のサビは，もう少し複雑な反応がおきて生じています。

複雑な反応？

はい。次のページのイラストを見てください。
まず，鉄に雨など水が付着すると，鉄から**鉄イオン（Fe^{2+}）**が溶けだします。それと同時に，水分子（H_2O）と水に溶けた酸素分子（O_2）が鉄イオンと結びついて赤色の**水酸化鉄（$Fe(OH)_3$）**へと変化します。

水酸化鉄がサビの正体だったんですね！

いえ，反応はこれで終わりではありません。
水酸化鉄はさらに，水中の酸素分子と反応し，**酸化鉄（Fe_2O_3）**へと変化し，金属表面に付着します。これが**赤サビ**の正体です。
鉄がさびると表面がでこぼこした状態になるのは，鉄イオンが溶けだし，さらに赤サビが表面に付着するためなんです。
反応全体を通して鉄は電子を失っているので，これも酸化反応の一つです。

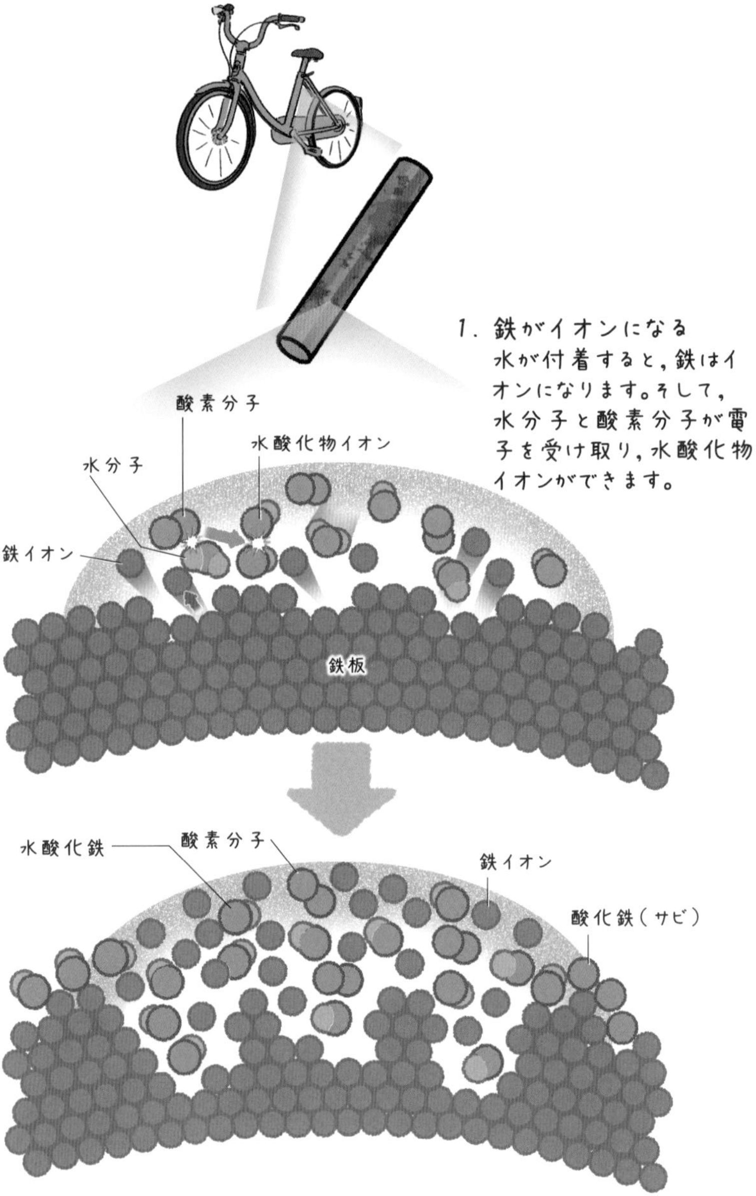

2. 酸素と結合してさびる

鉄イオンと水酸化物イオンは，水酸化鉄となり，水を赤くします。さらに酸素分子と反応して酸化鉄となり，赤サビになります。

む，むずかしいですが，身近なサビは，いくつかの反応を経て生じているわけですね。

はい。
ちなみに，鉄の酸化反応は，インスタントカイロでも利用されています。
鉄を急激に酸化させることで熱を発生させているんです。

冬のカイロは手放せません。
酸化って，サビを発生するイヤな現象だと思ってましたけど，役に立つこともあるんですね。

電池は，金属のイオンを利用している

さて，ここからのテーマは**電池**です。

電池！
生活に欠かせませんよね！
きっとものすごい反応が中でおきているんでしょうね。

実は，**2種類の金属を塩水や薄い硫酸などの電解質が溶けた水溶液（電解液）の中に入れて，それらをつなぐだけで電気は流れます。**それが電池の根本的なしくみです。

亜鉛板と銅板でできた電池

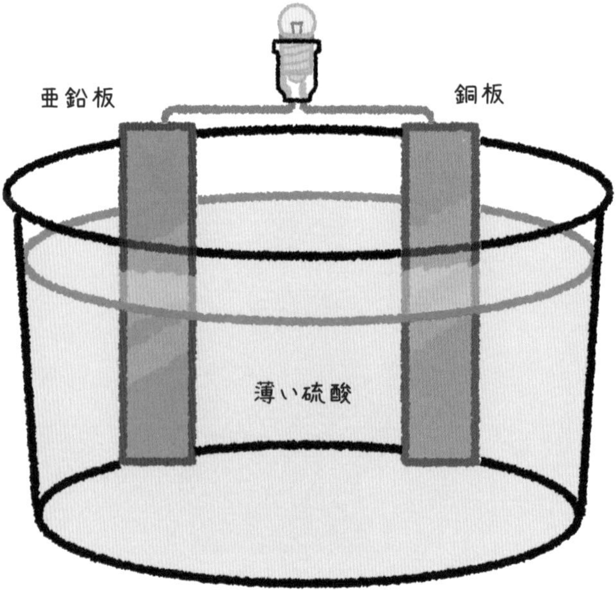

めっちゃシンプル！
そんなんで電気が流れるんだ……。
なぜ電気が発生するんでしょうか？

そこには，金属の**イオンのなりやすさ**がかかわっています。
イオンになりやすい金属からなりにくい金属へ電子が移動することで電気が流れるんです。

いや，さっぱりわかりません。

くわしく説明しましょう。
普通，金属原子は，電子を失って**陽イオン**になりやすい性質をもっています。
陽イオンへのなりやすさは，金属によってちがいます。
下のイラストは，金属を陽イオンになりやすい順に並べたものです。このように並べたものをイオン化列といいます。

イオン化列

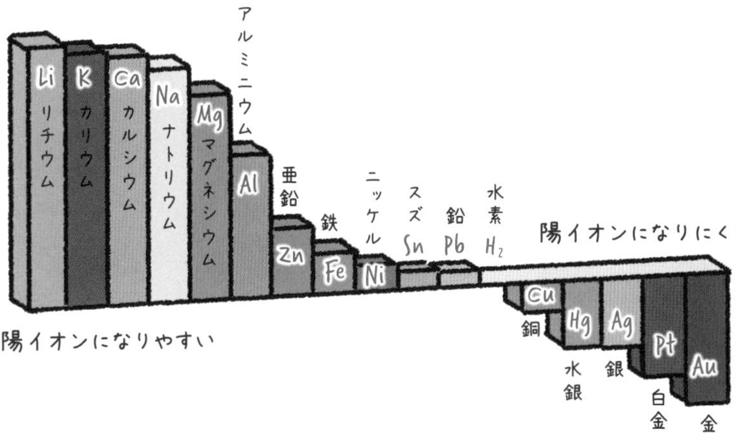

金属の陽イオンへのなりやすさは**イオン化傾向**という指標であらわされます。
棒の高さがイオン化傾向の大きさをあらわしています。

リチウムや**カリウム**が特に陽イオンになりやすくて，**白金**や**金**は陽イオンになりづらいんですね。

そうです。
先ほど見た電池では，陽イオンになりやすい**亜鉛板**と，陽イオンになりづらい**銅板**をつないで，薄い硫酸にひたしてつくっていたわけです。

うーん，なぜそれで電気が流れるのか，全然わかりません。

次のイラストを見てください。まず，陽イオンになりやすい亜鉛板では，亜鉛原子が**電子**を放出してどんどん亜鉛イオンとなります。そして亜鉛イオンは硫酸中に溶けていきます（①）。
一方，放出された電子は，導線を通って，陽イオンになりづらい銅板の方へと流れていきます（②）。つまり，このとき両者の間で電気が流れるわけです。

銅板まで電子がくるとどうなるんですか？

銅板まで電子が達すると，銅板の表面で**水素イオン**（H^+）が電子を受け取って**水素原子**（H）となります。そして水素原子どうしが結びついて気体の**水素分子**（H_2）になります（③）。

亜鉛板と銅板でできた電池

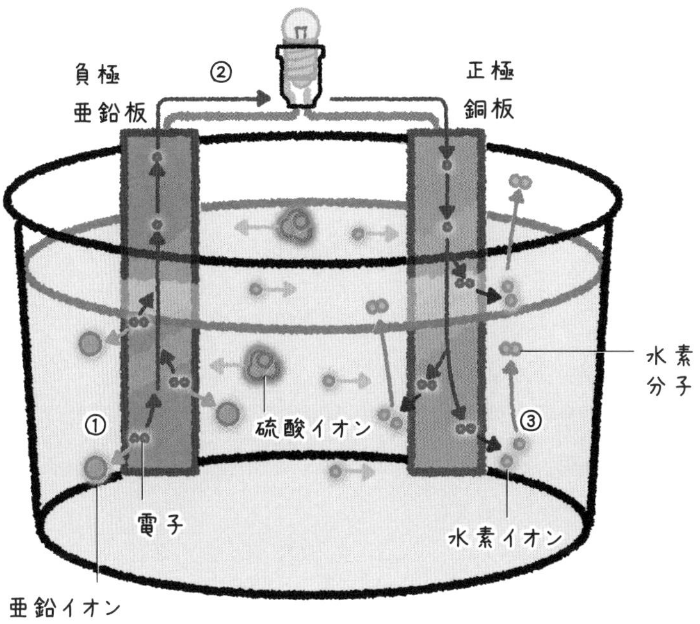

ここで見た電池のように，**電子を放出する側（亜鉛板）を負極，電子を受け取る側（銅板）を正極といいます。**

陽イオンへのなりやすさがことなる金属の間で，電子が移動するっていうのが，電池の根本的なしくみなのか。**意外と単純。**

ええ。**ただし導線でつないだ2種類の金属を，イオンの溶けていない液体に入れても，導線に電気は流れません。**

なぜですか？

マイナスの電気を帯びた電子が導線を正極に向かって移動するためには，同時に，液体の中をマイナスの電気を帯びた陰イオンが負極に，プラスの電気を帯びた陽イオンが正極に向かって移動して，液体中の電気的な中性が保たれる必要があるからです。

だから，単なる水じゃなくて，塩水や薄い硫酸を使うんですね。

マンガン乾電池の中を見てみよう

さっき見た電池は，身近な電池とはぜんぜんちがいますよね。身近な電池はどういったしくみなんでしょうか？

では，**マンガン乾電池**の構造を見てみましょう。
マンガン乾電池は，正極に**二酸化マンガン（MnO_2）**が，負極に**亜鉛（Zn）**が使われています。
電解液には**塩化亜鉛（$ZnCl_2$）**と**塩化アンモニウム（NH_4Cl）**の水溶液が使われています。

ん？
マンガン乾電池の中には液体が入っているんですか!?

いえいえ，**電解液をペースト状にし，二酸化マンガンと黒鉛（C）の粉末とともに固めることで，液もれの少ない“かわいた”電池にしています。**

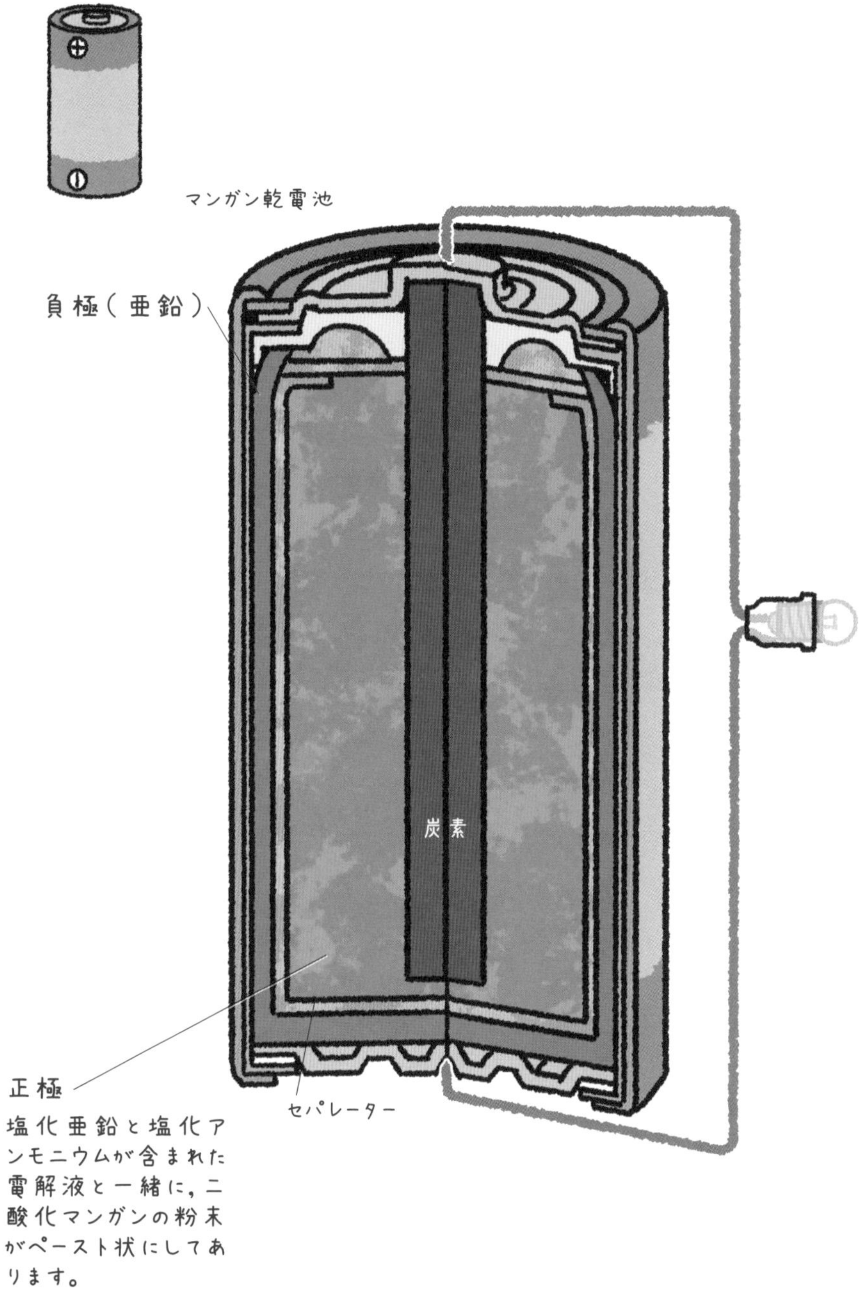
マンガン乾電池
負極（亜鉛）
炭素
正極
塩化亜鉛と塩化アンモニウムが含まれた電解液と一緒に，二酸化マンガンの粉末がペースト状にしてあります。
セパレーター

なるほど。だから乾電池というんですね。
マンガン乾電池の構造はわかりました。
電気はどういうしくみで流れるんでしょうか？

マンガン乾電池の反応は少し複雑ですよ。
次のページのイラストを見ながら聞いてください。
まず，マンガン乾電池の正極と負極を導線で結ぶと，負極では亜鉛原子（Zn）が電子を放出して亜鉛イオン（Zn^{2+}）となり，電解液に溶けだします（①）。
負極に放出された電子は導線を通って正極に向かって流れていきます（②）。
このとき電気が流れるわけです。

ぐぬぬぬ。

正極に電子がたどりつくと，電子，二酸化マンガン（MnO_2），アンモニウムイオン（NH_4^+）が反応して，酸化水酸化マンガン（MnO（OH））とアンモニア（NH_3）ができます（③）。

むむむ，むずかしい。

ほかにも同時にいくつか化学反応がおきていますが，エッセンスだけを説明するとこんな感じです。
正極の二酸化マンガンがすべて酸化水酸化マンガンに変わると，正極で電子を受け取る物質がなくなるため，電気が流れなくなり，電池が寿命をむかえます。

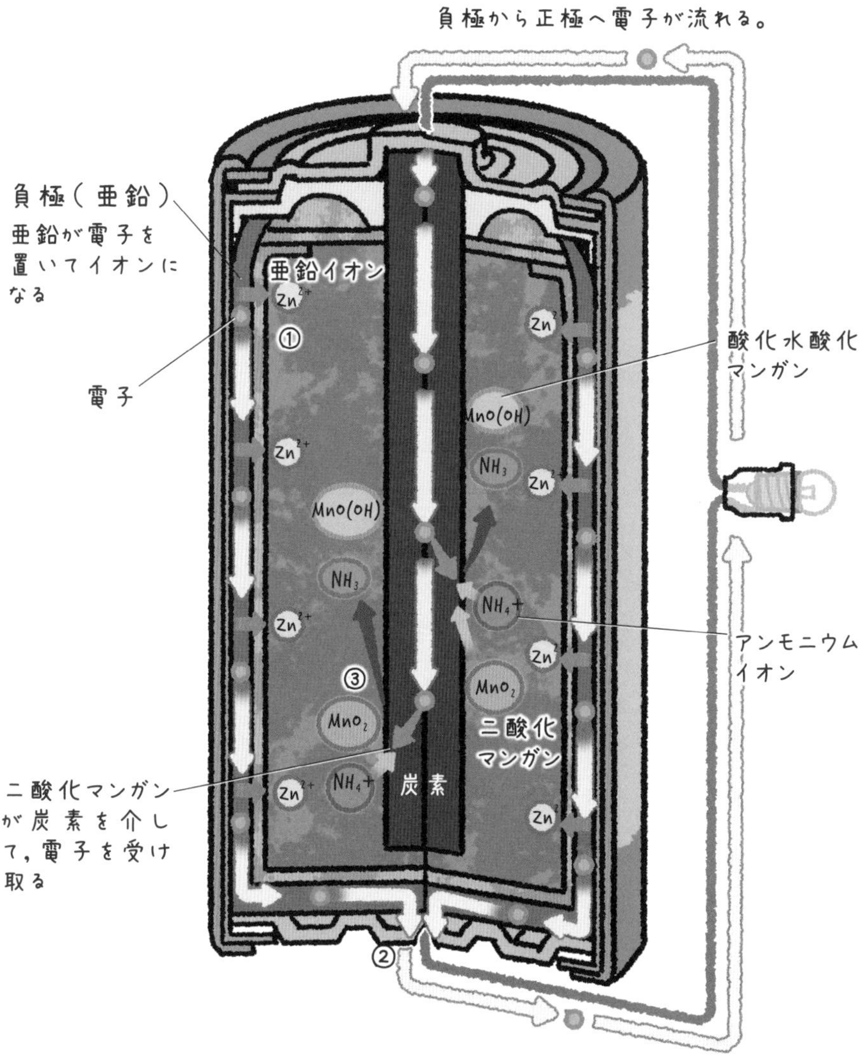
負極から正極へ電子が流れる。
負極（亜鉛）
亜鉛が電子を置いてイオンになる
亜鉛イオン
電子
①
②
③
Zn^{2+}
$MnO(OH)$
NH_3
NH_4^+
MnO_2
炭素
酸化水酸化マンガン
アンモニウムイオン
二酸化マンガン
二酸化マンガンが炭素を介して，電子を受け取る

ちょっと待ってください。
マンガン乾電池って，正極から負極に電流が流れるんじゃないんですか？
今聞いた話とは逆に思えるんですけど。

ええ，その通り，電池は正極から負極に電流が流れます！
実は，電流の流れる向きというのは，電子の流れる向きとは逆になるんです。

えぇっ……。
いったいなぜ，そんなややこしいことに？

電子が発見される前に電流の流れる向きを決めてしまったため，電流と電子の向きが逆になってしまったんです。

そんな歴史が……。
ともかく，すっごく複雑でしたけど，電池は結局，負極と正極の間で電子を受けわたすことで電気が流れるということがわかりました。

電池にはいろんな種類がありますが，電池の基本的なしくみはどれも共通なんですよ。

4

時間目

現代社会に欠かせない有機物

STEP 1

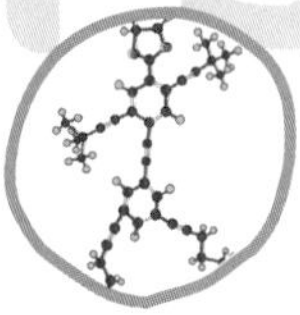

有機物は炭素でできている

物質は大きく「無機物」と「有機物」に分けられます。私たちの体は，主に有機物でできています。いったい有機物とはどういうものなのか，その基本を解説します。

炭素原子が生みだす物質を調べる有機化学

4時間目のテーマは**有機化学**です。

ゆうきかがく？

化学は大きく**無機化学**と**有機化学**に分けられています。このように分かれたのは，18世紀の後半だといわれています。当時の化学者たちは，動植物や，それらからつくる酒や染料など生物から得られるものを**有機物（Organic Compound）**とよびました。
そして，それ以外の岩石や水，鉄や金などを，**無機物（Inorganic Compound）**とよぶようになりました。

ふむふむ。
生物由来の物質が有機物で，それ以外の物質が無機物だったということですね。

そうです。
この有機物を研究するのが**有機化学**，無機物を研究するのが**無機化学**というわけです。

有機化学と無機化学……。

現在知られている118種の元素のほとんどは，無機物をつくりだしています。

そうなんだ。

無機物は，どの元素を，どれくらいの割合で含んでいるかによって性質がことなります。
たとえば電気を通すかどうかや，水に溶けるかどうかは，元素の種類とその割合で決まります。
そのため無機化学の研究者たちは，新しい元素の組み合わせを試すことで，新しい物質を生みだしたりその性質を研究したりしています。

どんな元素をどれくらい含むのかで性質が決まるのは当たり前のように思うんですけど。

ところが，有機物はそうではないんです。
有機物は，**炭素**や**水素**，**酸素**，**窒素**などの，少ない種類の元素からできています。
そして，有機物の性質を決めているのは，元素の種類ではなく，**元素のつながり方**なのです。

元素のつながり方？

有機物の例をいくつか見てみましょう。

せっけんや砂糖，タイヤは有機物なんですね。
いろんな形をしていますね。

有機物は，原子のつながり方が変わることでさまざまな分子が生まれるんです。
有機物は，ごく一部の元素からできているにもかかわらず，無機物よりもはるかに種類が多いといわれています。

イラストを見ると，黒いボールが多いですね。
どれも**炭素原子**をたくさん含んでいるようです。

はい。有機物のかぎをにぎるのが，炭素原子なんです。
なお，有機物は必ずしも生命の活動だけで生じるものではありません。現在，有機物は**炭素原子を骨格とする化合物**と定義されています。

有機物の主役は，炭素原子なんですね。

ちょっとここで，面白い形をした有機物を一つ紹介しましょう。

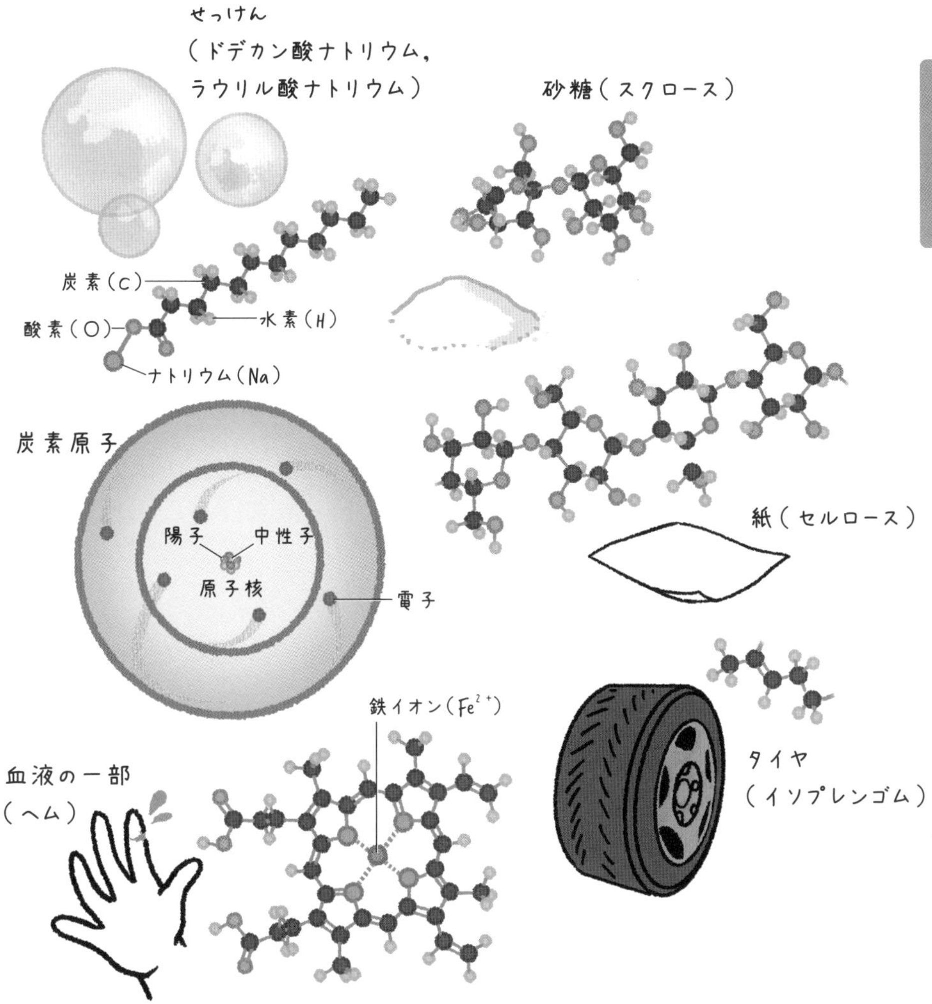
せっけん
（ドデカン酸ナトリウム，
ラウリル酸ナトリウム）
炭素（C）
酸素（O）
水素（H）
ナトリウム（Na）
砂糖（スクロース）
紙（セルロース）
炭素原子
陽子
中性子
原子核
電子
鉄イオン（Fe^{2+}）
血液の一部
（ヘム）
タイヤ
（イソプレンゴム）

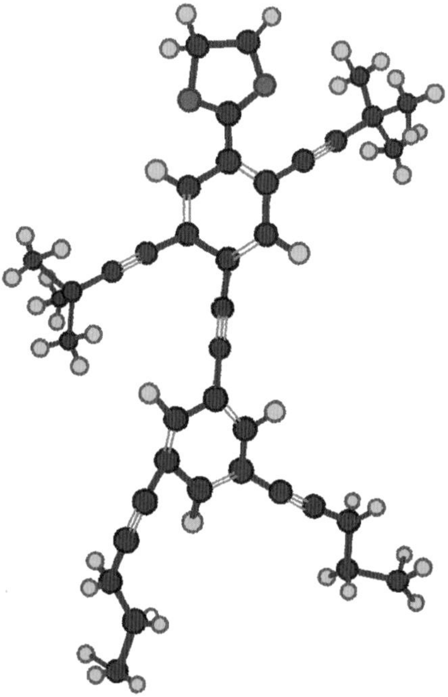

えっ!?　人間みたい!

これは，アメリカ，ライス大学の研究チームによって合成された人間のような形をした有機物です。

ナノプシャンという名前がついています。

なのぷしゃん？

ナノプシャンという名前は，10億分の1をあらわす**ナノ**と，『ガリバー旅行記』に登場する小人国の住人をさす**リリプシャン**をもじって名づけられたといいます。
ちなみに，ナノプシャンの“身長”は**約2ナノメートル**です。

こんな面白い形の化合物をつくることもできるんだ！
有機化学ってすごいですね!!

19世紀，有機物は徹底的に分解された

まずは，有機化学がいかにして発展したのか，その歴史を紹介しましょう。

はい，お願いします。

18世紀，フランスの化学者，アントワーヌ・ラボアジエは，「物質を分解しつづければ，元素にたどりつく」と唱えました。

アントワーヌ・ラボアジエ

この提案をきっかけに，多くの化学者が身のまわりの物質を分解して調べるようになりました。
当時，有機物の多くは，燃やすと何種類かの気体となって消えてしまうことが知られていました。
そこで化学者たちは，この気体を種類ごとに取りだして重さをはかれば，有機物に含まれる元素の割合が求められると考えました。

気体を種類ごとに取りだして重さをはかるなんて，そんなことできるんですか？

おっしゃる通り，当時，燃やして発生した気体をもらさずに集め，正確にはかることはむずかしいことでした。
でも，この問題を解決した化学者がいます。
それが**ユストゥス・フォン・リービッヒ**（1803～1873）です。
リービッヒは，1830年ごろ，有機物に含まれる炭素，酸素，水素の割合を正確に調べる装置を発明しました。

ユストゥス・フォン・リービッヒ
（1803～1873）

次のページのイラストがリービッヒの装置です。
この装置では，まず有機物を燃焼させます。そのときに発生した水蒸気や二酸化炭素の重さをはかることで，有機物に含まれる炭素，酸素，水素の元素の割合を求めました。
装置はリービッヒの弟子たちによってヨーロッパ中に広められ，多くの化学者に使われるようになっていきます。

へぇ，すごいな。
この装置でどういうことがわかったんですか？

リービッヒの装置によって，膨大な種類の有機物が調べられ，それらはすべて炭素などの**少数の元素**からできていることが明らかになりました。
そして，さまざまな有機物に含まれる炭素，水素，酸素の比が求められました。すると，この比は，有機物ごとに無数にあることがわかりはじめました。

無数に……。

化学者たちはこれらの結果から，炭素や酸素，水素などの原子が組み合わさってできる**分子の形**が，有機物の性質のちがいに関係しているのではないかと考えるようになりました。

リービッヒの装置によって，有機物の性質が分子の形に関係していることが推測されるようになったんですね。

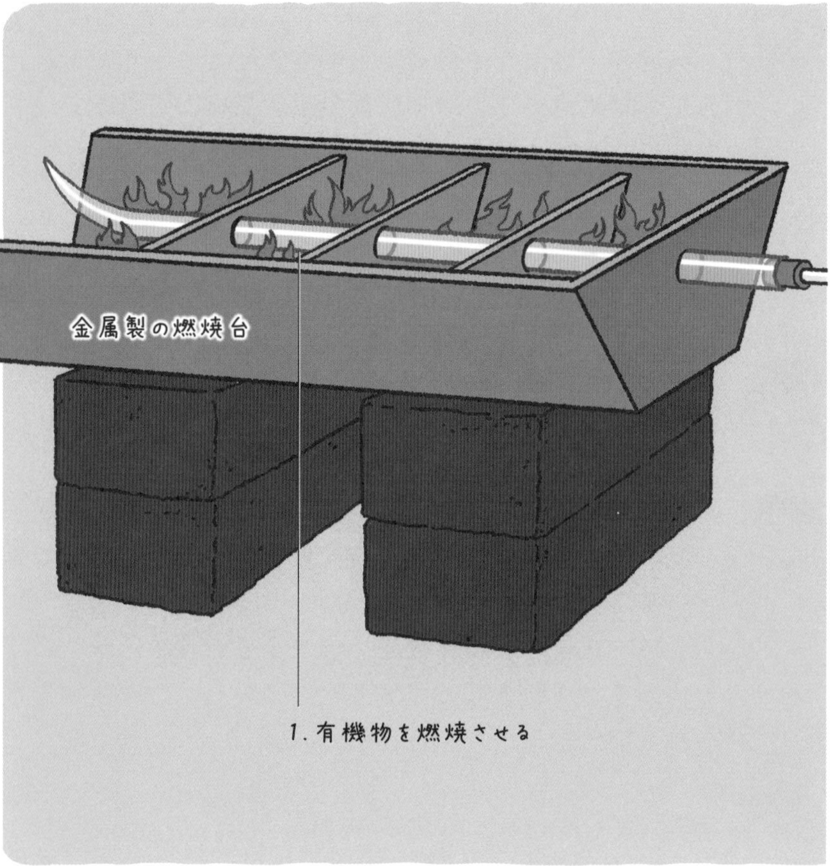

そして，1858年，ドイツの化学者，**アウグスト・ケクレ**（1829～1896）が有機物に関する重要な考えを発表します。
それは，**「炭素は四つの手をもち，一度に四つの原子と結合できる」**という説です。
そして同じように，酸素は2本，水素は1本の手をもつと推測されました。

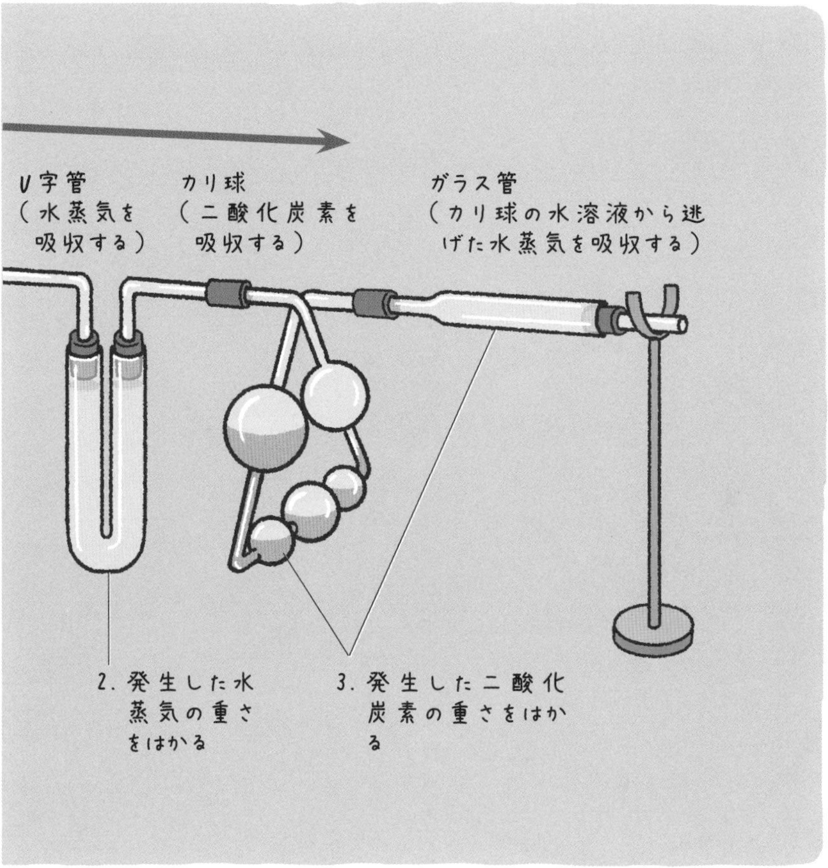

四つの手～!?

はい。元素ごとに決まった数の手をもっていて，その手を使って結合すると考えられたわけです。

この考えはさまざまな有機物の謎を説明できたため，化学者に受け入れられていきました。そうして，有機物の姿が徐々にわかりはじめたのです。

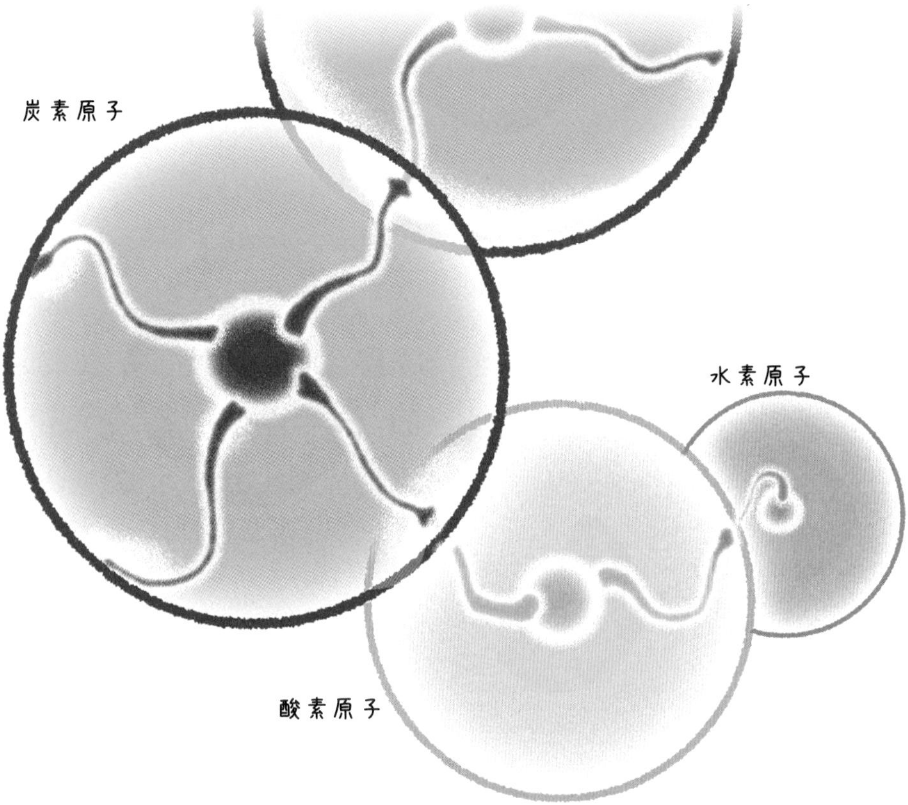
炭素原子
水素原子
酸素原子

炭素の四つの手の正体は，電子の“空き”だった

炭素の**四つの手**ってどういうことですか？

ケクレがこの考え方を発表したとき，手の実体は**不明**でした。
しかし，元素の周期表が発表され，原子の構造が明らかになってくると，原子の手の正体がわかってきました。

なんですか？
原子の手の正体って？

炭素原子の電子配置を見ながら説明しましょう。

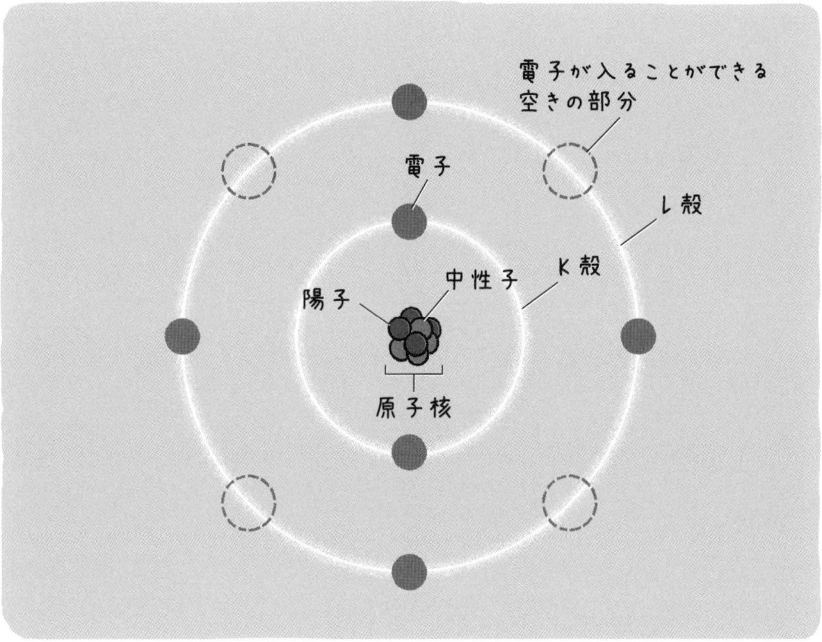

炭素の最外殻はL殻です。ここには，四つの電子があり，空席が四つ空いています。
あと四つ電子を獲得すれば，L殻をすべて満たすことができるため，炭素はこの四つの「空き」を満たそうとします。
この四つの電子の空きが，ケクレが見抜いた炭素の四つの手の正体なのです。

電子の空きが四つの手？
ぜんぜん意味がわかりません！

たとえば，炭素と水素が結合する場合を考えましょう。
水素はK殻に電子一つと空席一つをもちます。
そして，炭素と水素は，一つずつ電子を出しあうことで共有結合します。

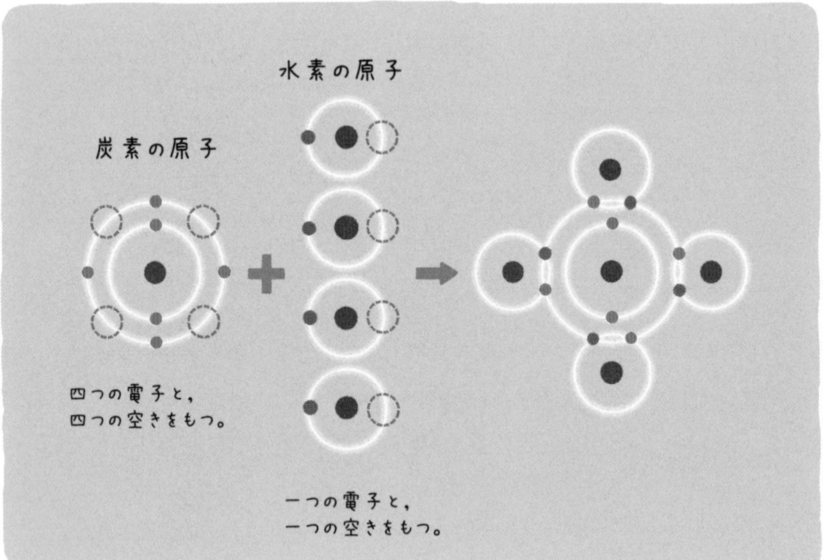

このとき，炭素が四つの電子の空きを埋めるには，四つの水素と共有結合する必要があります。

四つの水素と……。

このように，電子の空きを埋めるように別の原子と共有結合するため，電子の空きが，あたかも結合の手としてはたらくんです。
ちなみに，ここで紹介した，炭素一つに水素四つが結合した分子を**メタン**といい，有機物の中で最も基本的な分子です。

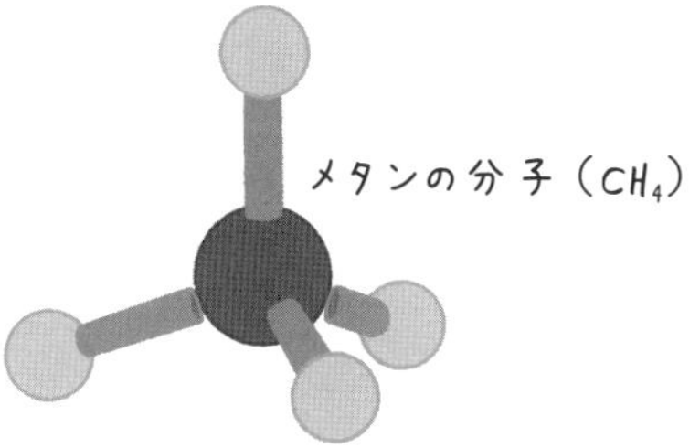

電子殻を埋めるために，ほかの原子がもつ電子を四つ共有させてもらうことで共有結合をつくるわけですね。

はい。
炭素は，必ず四つの手を使いきって電子殻を満たそうとします。その際，ほかの原子や炭素原子どうしで結合することで，さまざまな形の分子を無数につくりだすことができるんです。
次のページの左のイラストは二つの炭素原子と六つの水素原子が共有結合したエタンです。右のイラストは三つの炭素原子と八つの水素原子が結合したプロパンです。

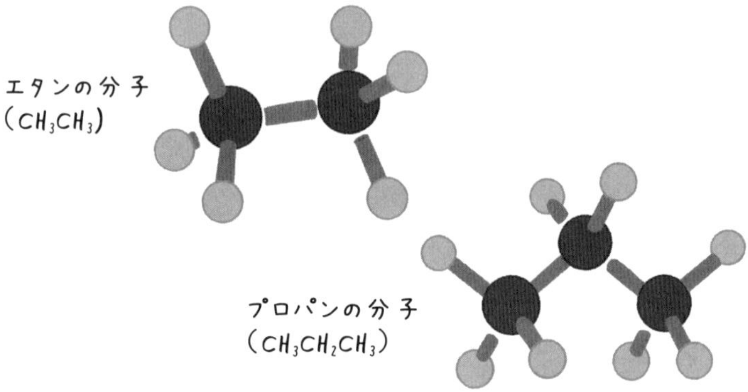

なぜ，炭素だけ無数の有機物をつくれるんでしょうか？
ほかの原子じゃだめなんですか？

炭素が有機物の主役を演じるのは，炭素が大きく**二つの強み**をもっているからです。
まず一つ目は2周期の元素のうち，炭素が中央にあることです。

中央？
それがなぜ強みになるんでしょうか？

たとえば，同じ周期の一番左側の**リチウム**は，外側の軌道に一つだけ電子をもつため，この電子一つを放りだして**陽イオン**になると安定します。

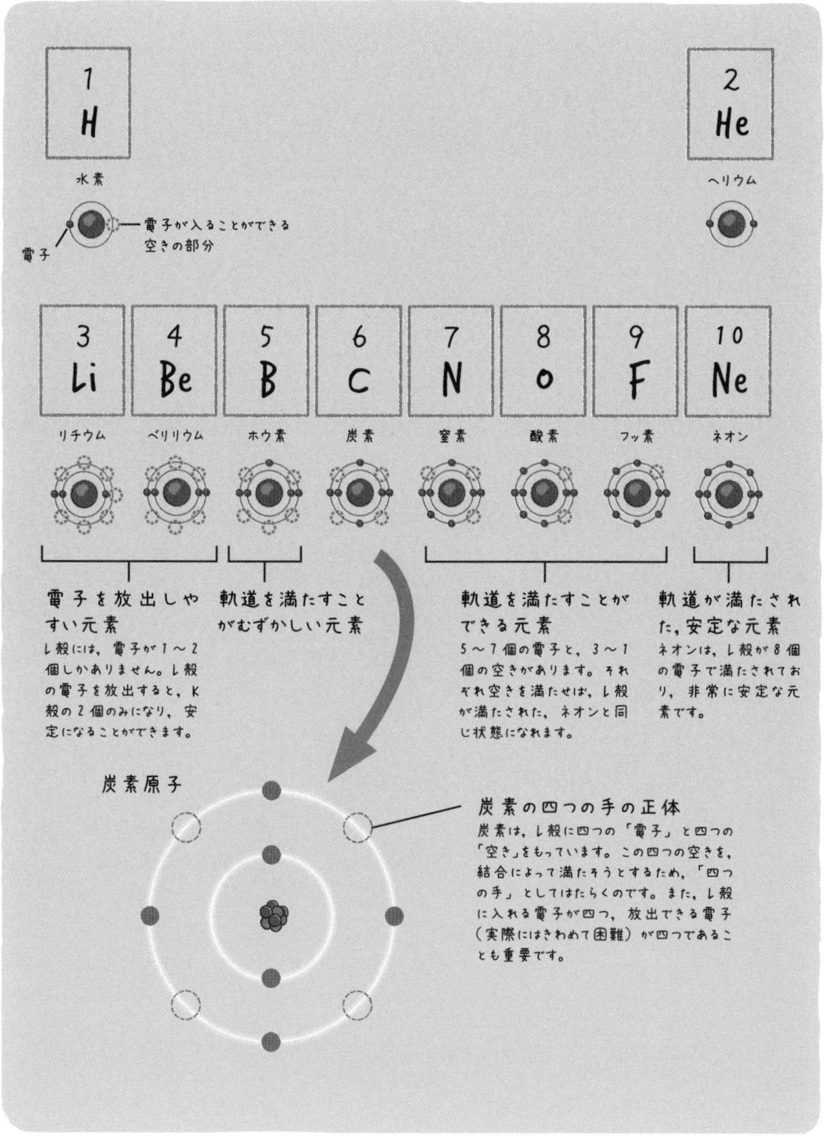

また，右側の**フッ素**も，最外殻に7個の電子をもつため，1個の電子を獲得して**陰イオン**になると，安定します。

そこで，リチウムとフッ素は，電子を一つやりとりすることで，イオン結合をします。するととなりあって並ぶようになります。

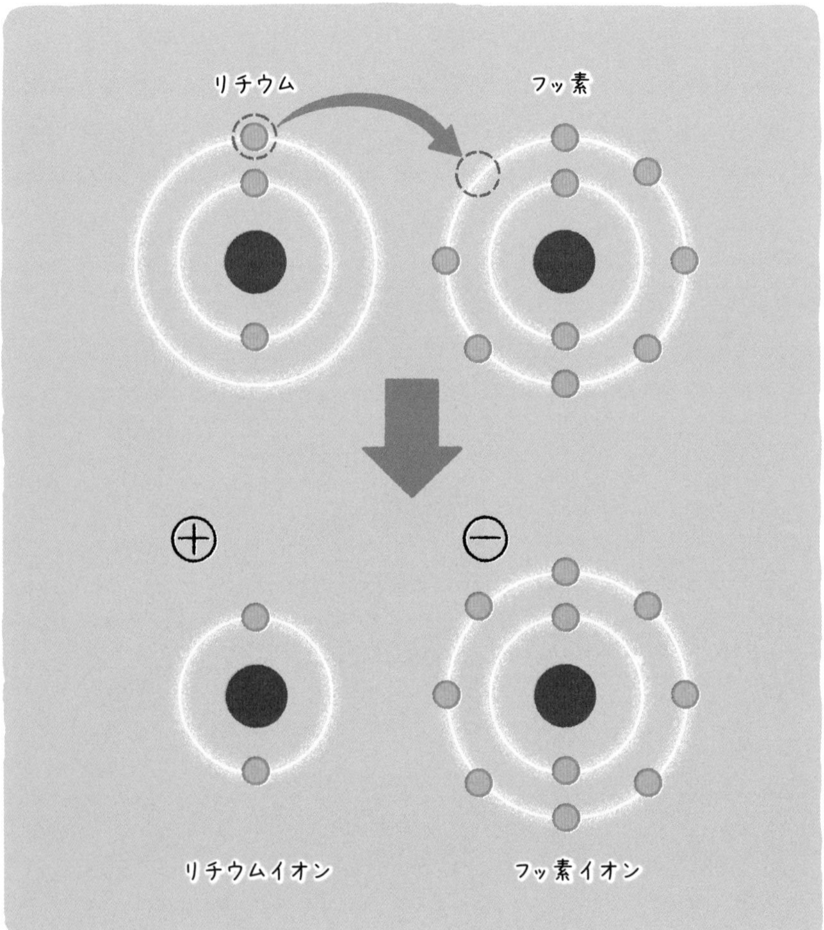

じゃあ炭素は？

炭素が同じように最外殻を満たすには，四つの電子を放出するか，または四つの電子を得る必要があります。しかし，四つもの電子を奪ったり，放出したりするのは大きなエネルギーを必要とするので，むずかしいです。
そのかわりに，この四つの手を使ってほかの原子と共有結合するため，さまざまな結合が可能なのです。

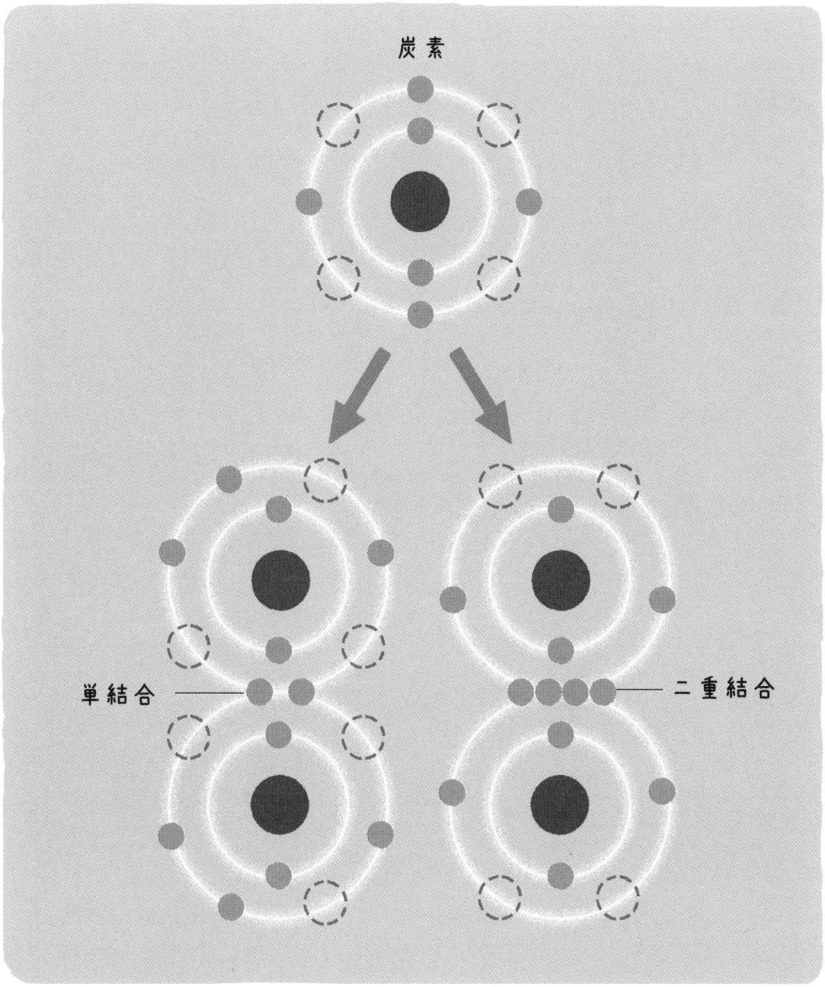

247ページのイラストで示したように，炭素どうしの共有結合では，電子を一つずつ出しあって共有する**単結合**だけでなく，二つずつ出しあう**二重結合**，三つずつ出しあう**三重結合**などの結合をつくることもできます。

なるほど，最外殻に四つの電子と空席をもつってことが重要なんですね。つまり，共有結合のための四つの手をもつってことですね。
でも，四つの手をもつ元素は，炭素だけなんでしょうか？

いいえ，ケイ素（Si），ゲルマニウム（Ge），スズ（Sn），鉛（Pb）などの元素も四つの手をもっています。

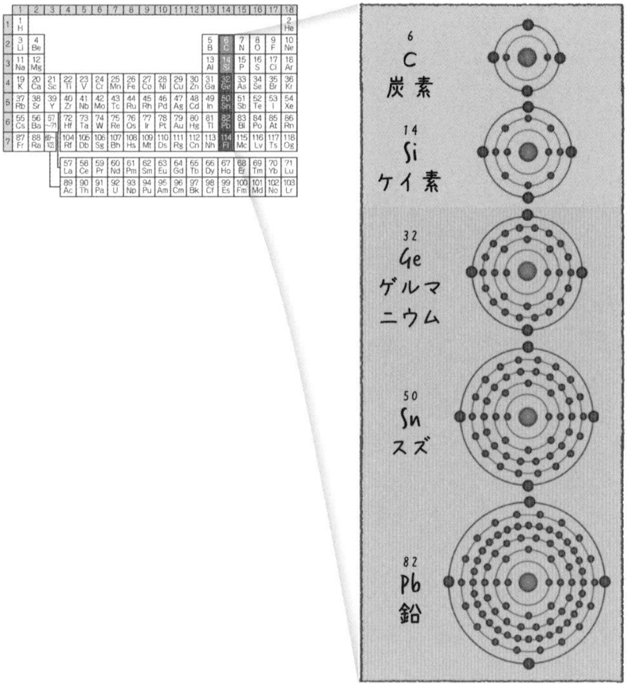

あぁ，周期表の同じ縦の並びですね。
じゃあ，なぜ炭素だけ特別なんですか？

それは**炭素が四つの手をもつ元素のうち，周期表上で最も高い位置にあるからです。**これが炭素のもつ二つ目の強みです。
炭素と，その下方にある鉛の原子をくらべてみましょう。

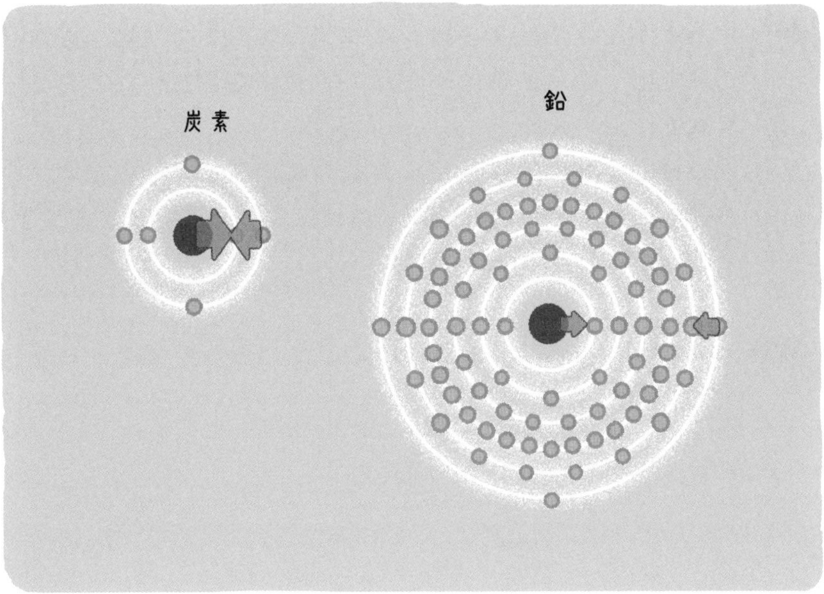

鉛は電子がめっちゃたくさんですね。

どちらの元素も，一番外側の最外殻の電子を使って，ほかの原子と共有結合することができます。
そのとき，結合の強さは電子と原子核が引きつけあう力で決まります。
重要なのは，この力が，原子核と電子の距離が遠いほど小さくなるという点です。

炭素の方が最外殻が原子核から近いですね。

そうなんです。原子核から外側の軌道までが遠い鉛の原子では，電子が逃げやすく，すぐに結合が切れてしまいます。
一方，炭素は原子核から外側の軌道までが近いため，電子を逃がさず，結合をしっかり保つことができるのです。
これが二つ目の強みです。

なるほど，周期表から炭素の二つの強みを見てとれるんですね。

炭素原子がつながって，有機物の骨格になる

ここからは，炭素の**四つの手**がつくる，さまざまな分子を見ていきましょう。
19世紀の化学者たちは，有機物を調べていくうちに，化合物の分子に共通する部分があることに気づきました。
多くの分子が，炭素が鎖のように長くつながった構造や，炭素が環のようにつながった構造をもっていたのです。

鎖のような構造や環のような構造とはどんなものでしょうか？

「鎖」の代表例は，炭素どうしが単結合で長くつながったものです。

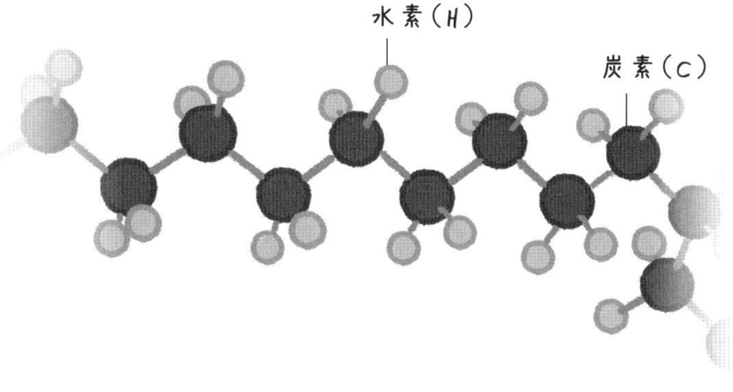

このような分子を**脂肪族**といいます。
脂肪族の炭素は，4本の手のうち，2本を使って両どなりの炭素とつながります。そして残った2本の手でそれぞれ水素と結合しています。

一つの炭素原子は，炭素原子と水素原子二つずつと結合しているんですね。
そして，炭素がズラーっとつながると。

このような有機物は，つながっている炭素の数によって性質がかわります。
炭素が１～４個のときは室温で**気体**です。どれも燃えやすく，とくに炭素が三つつながった**プロパン**は家庭用のガスとしてよく使われます。

メタン（CH_4）
四つの手は，おたがいに最も遠くはなれようとする。すると，四つの手はイラストのような向きにのびる。

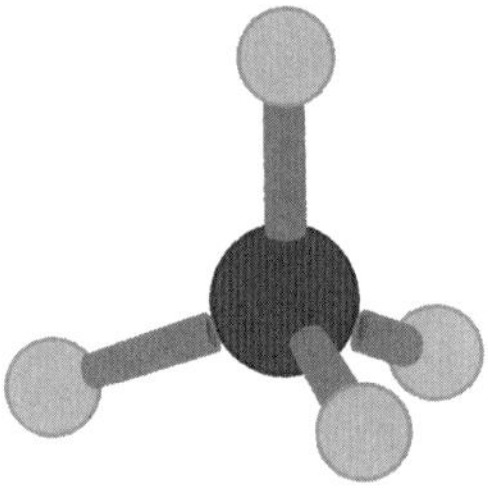

エタン（CH_3CH_3）
石油から分離される気体の一つ。天然ガスにも含まれる。二つ以上つながるときも，手の向きは保たれている。

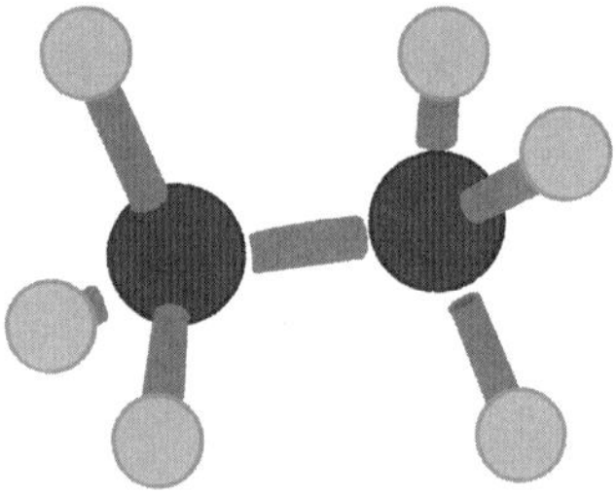

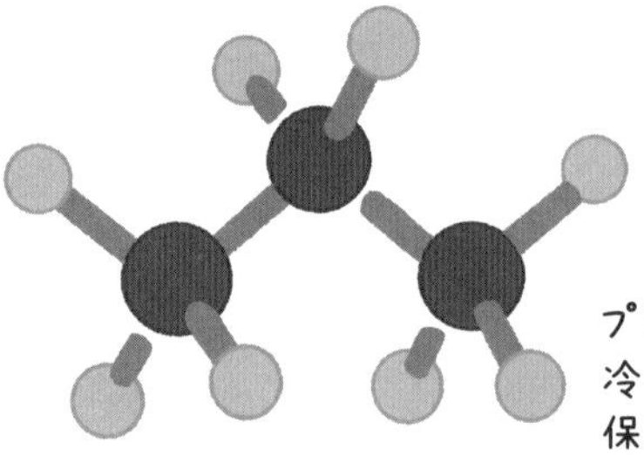

プロパン（$CH_3CH_2CH_3$）
冷やして液体にした状態で保存される。燃料に利用される。

炭素がもっとつながるとどうなるんでしょうか？

炭素の数が増えると固体になり，15～20個つながると，ろうそくのロウになります。

もっともっとつながると？

数万～数十万個の炭素がつながった分子は0時間目に紹介しましたよね？

え？　記憶にない……。

ビニール袋の原料である**ポリエチレン**です。

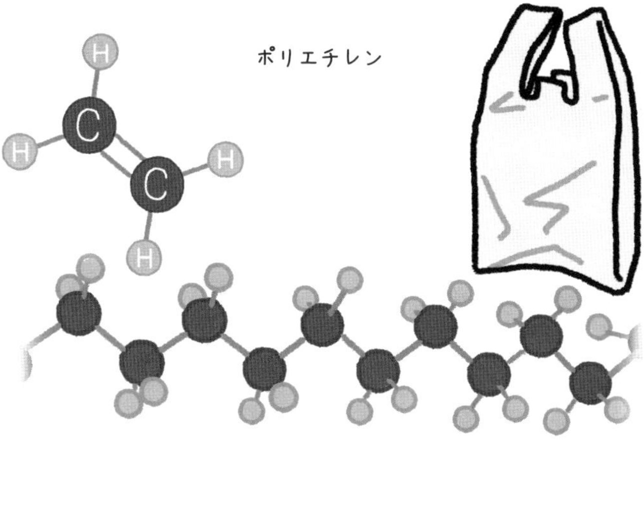

そっか，ポリエチレンは炭素二つのエチレンをたくさんつなげたものでしたね。
鎖状の有機物については，なんとなくわかりました。
環をもつ分子っていうのは？

環をもつ分子の代表例は，19世紀に普及していたガス灯の石炭ガスから発見された**ベンゼン**です。

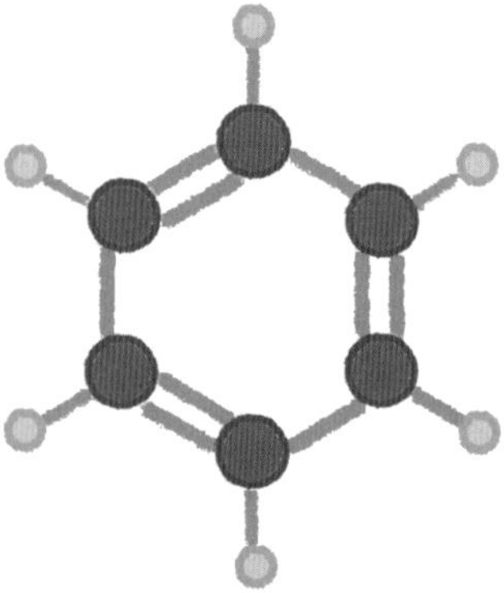

ベンゼンの分子

ケクレは1865年，尾をかんでいるヘビの夢をみたことをきっかけに，炭素が環をつくる構造を思いついたといわれています。

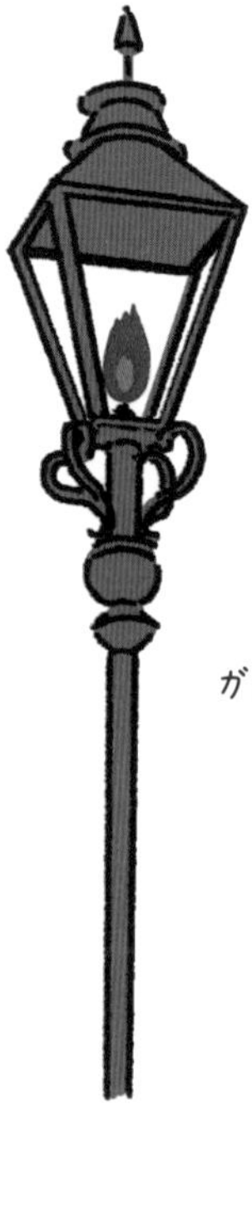

ガス灯

ベンゼン？　聞いたことないな……。

ベンゼンの化合物は，医薬品などの多くの有機物に含まれています。

ただ，発見当時はしばらく，どんな形をしているのかわかりませんでした。そのため，研究者によってさまざまな形が提唱されていました。
その正体を明らかにしたのは，炭素原子が四つの手をもつことを見抜いたケクレでした。ケクレは，ベンゼンの6個の炭素が単結合と二重結合で結びつき，環状になっていると考えました。

ベンゼンは六角形の環の構造をしているんですね。

はい，このような環状の構造を**ベンゼン環**とよびます。そしてベンゼン環を分子の中にもつ有機物を**芳香族化合物**といいます。
芳香族化合物は医薬品や染料，繊維などをつくる材料として広く活躍しています。

炭素の六角形が香りや苦味をもたらす

芳香族化合物って，なんだかいいにおいがしそうな名前ですね。

はい，芳香族化合物は香りをもつものが多いため，そう名づけられています。

へぇ，どんな香りがするんでしょうか？

たとえば，**バニラ**の香りです。

バニラアイスクリーム大好きです！

バニラの香りは，**バニリン**という分子によるものです。

バニリン

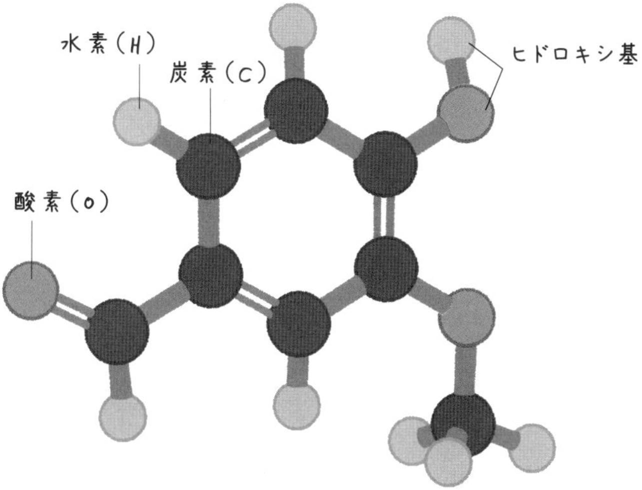

この分子は，ベンゼン環の上に**ヒドロキシ基（OH）**などをもっています。このように，ベンゼン環にヒドロキシ基がついた構造をもつ有機物をフェノール類といいます。

バニラの香りは，バニリンのおかげだったんですね。

ほかにも，ワインやコーヒー，お茶などには**ポリフェノール**が含まれています。ポリフェノールとは，フェノール類のうち，ベンゼン環に2個以上の**ヒドロキシ基**がついたもののことです。

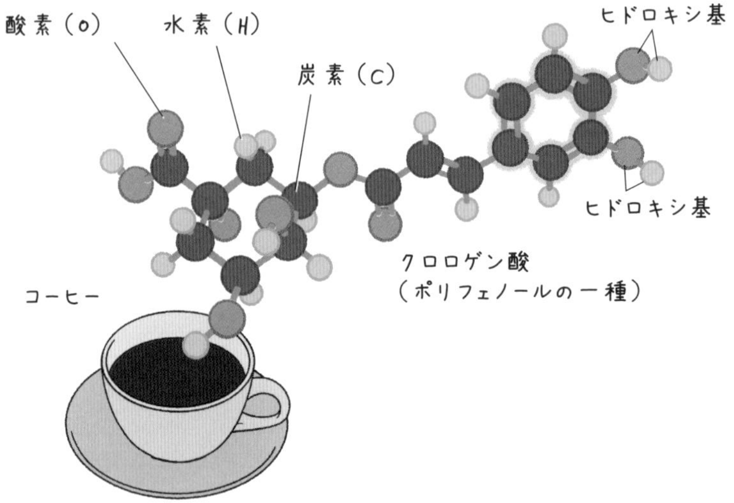

また，植物がつくりだす色素や苦味の分子には，たいていポリフェノールが含まれています。

芳香族化合物って，身近なところにあったんですね。

有機物の性格は“飾り”で決まる

さて，次のテーマは有機物の**飾り**です。
炭素の骨格にくっついた飾りは置きかえることができます。飾りを置きかえることで，もとの有機物とはことなる性質をもたせることができます。

飾り？　置きかえる？

たとえば，家庭用のガスに使われる**プロパン**の気体は，炭素原子三つと，水素原子八つでできています。

プロパンの分子
($CH_3CH_2CH_3$)

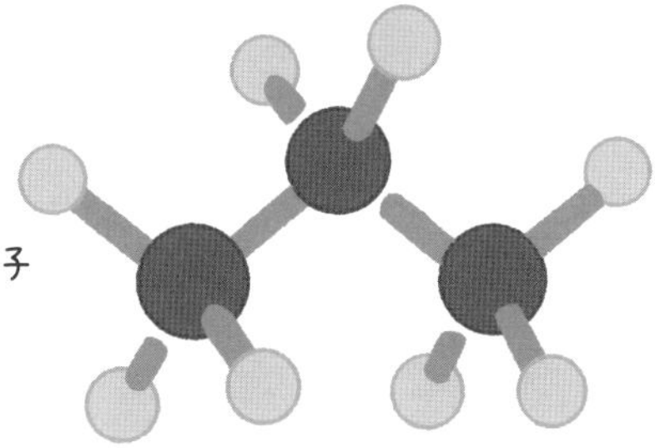

その水素原子の一つを，酸素と水素からなる「ヒドロキシ基」という“飾り”に置きかえると，「プロパノール」という液体になります。

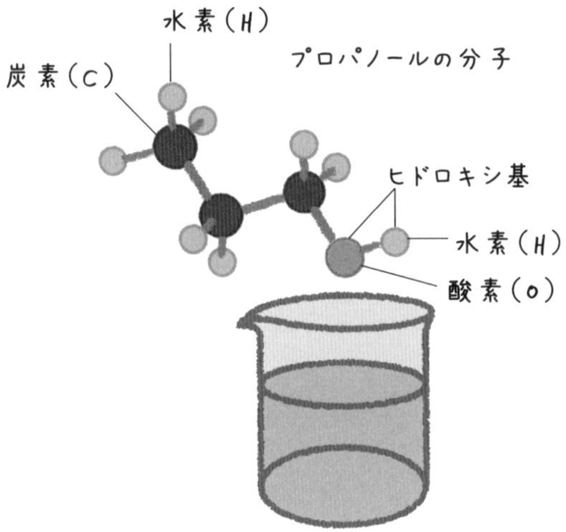

プロパノールは，**化粧品**や**インク**などに使われている素材です。
もとのプロパンはまったく水にまざりませんが，プロパノールは水にまざりこむことができます。これは，ヒドロキシ基が水に似た「-O-H」という構造をもっているためです。

もとのプロパンの性質は残されていないんですか？

いいえ，プロパノールは，プロパンと同じくよく燃える性質をもっています。
このように，有機物の性質は，炭素の数だけでなく，どんな“飾り”をもっているかにも大きく左右されます。
これらの飾りは**官能基**とよばれています。

プロパンとプロパノールは，飾りの一つのHがOHに変わるだけで性質が変わってしまうんですね。

ヒドロキシ基は，酸素と水素が電子を共有して結合しています。このうち，酸素は水素よりも強く電子を引きつけています。
すると，酸素はわずかにマイナス，水素はわずかにプラスの電気をおびるわけです。

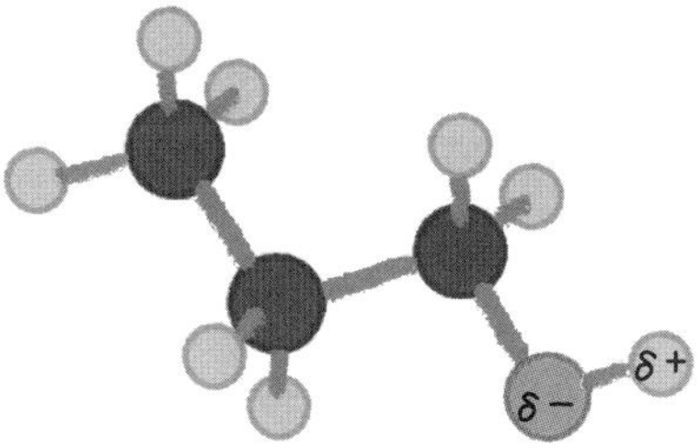

あっ，たしか**極性**ですね。

その通りです。
このような電気的なかたよりがあると，同じく極性をもつ水分子を周囲に引きつけるため，水に溶けるようになるんです。

Hのほかに，官能基にはどんな種類があるんですか？

代表的な官能基と性質を下に示しました。

代表的な八つの官能基

ヒドロキシ基

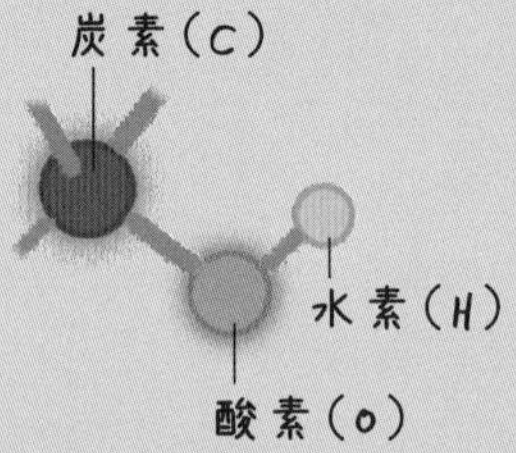

酒に含まれる「アルコール」の分子がもつ官能基。「OH」の部分が水の分子(H_2O)に似ているため、ヒドロキシ基があると水とまざりやすい。

エーテル結合

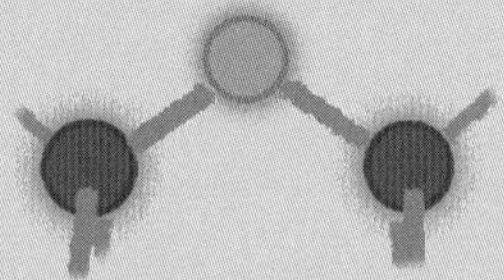

「ジエチルエーテル」という麻酔薬の一種が知られている。さまざまな試料を溶かす「溶媒」に使われる。ほとんどの試薬に対し反応しない、安定な物質。

ケトン

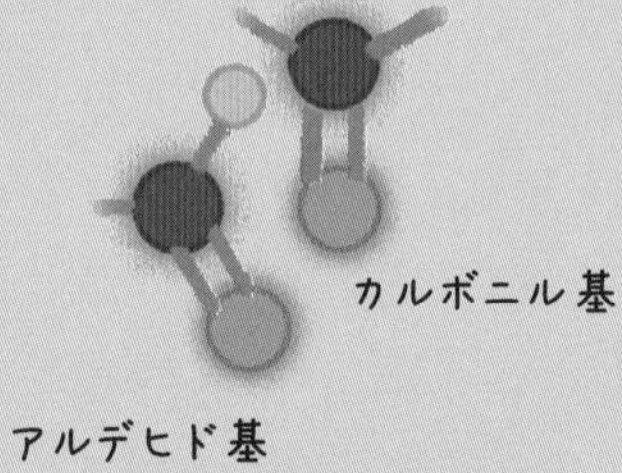

「アルコール」が体内で分解されると、二日酔いを引きおこす「アセトアルデヒド」がつくられる。生物標本をつくる際に使われる「ホルマリン」もアルデヒドの一種で人体に有害な物質。

スルホ基

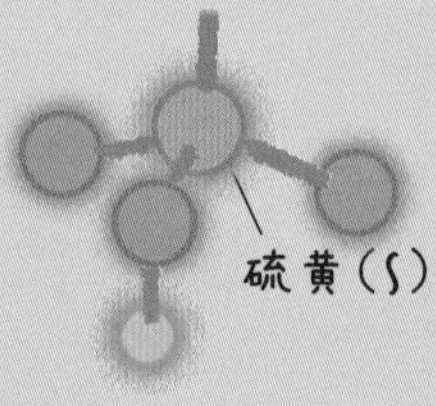

硫酸の分子と似た形をもつ官能基。スルホ基がついた分子は、水に溶けやすく強い酸性を示す。

官能基には，たくさんの種類があるんですね。

カルボキシ基

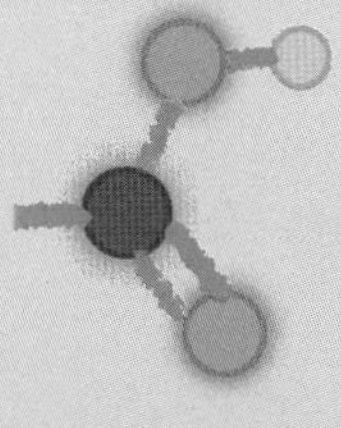

酢酸など，有機物の酸をつくる。アルデヒドから変化してできることが知られており，たとえば二日酔いを引きおこすアセトアルデヒドが酸化されると，酢酸になる。

エステル結合

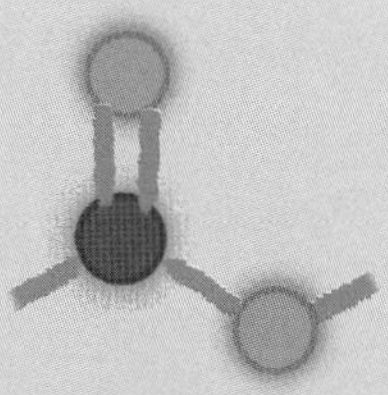

エステル結合をもつ小さな分子は，花や果物の香りの分子に数多く存在する。また，繊維の素材であるポリエステルは，エステル結合をもつ分子が長く連なった素材である。

ニトロ基

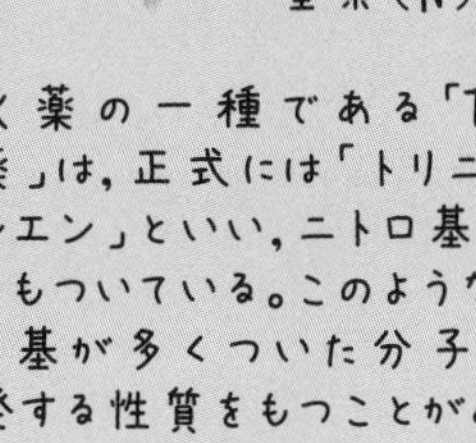

火薬の一種である「TNT火薬」は，正式には「トリニトロトルエン」といい，ニトロ基がいくつもついている。このような，ニトロ基が多くついた分子は，爆発する性質をもつことがある。

アミノ基

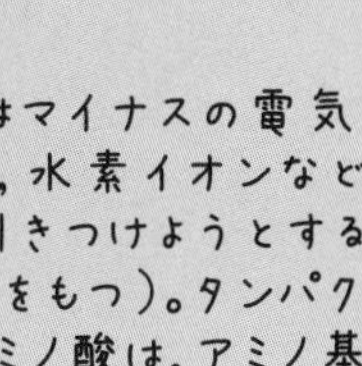

窒素はマイナスの電気を帯びており，水素イオンなどをもう一つ引きつけようとする(アルカリ性をもつ)。タンパク質をつくるアミノ酸は，アミノ基とカルボキシ基がついた分子。

同じ原子からでも，まったくちがう有機物ができる

ここまで，**炭素の数**や，**飾り**によって有機物の性質が変わることをお話ししてきました。

しかし，有機物の性質を決める要因はこれだけではありません。

実は，同じ種類と数の原子からできていても，二つの有機物がちがう性質をもつこともあるんです。

どういうことでしょうか？

たとえば，米やジャガイモには**デンプン**という分子が含まれています。デンプンは，**グルコース（ブドウ糖，$C_6H_{12}O_6$）**という甘みをもたらす分子が長くつながってできたものです。

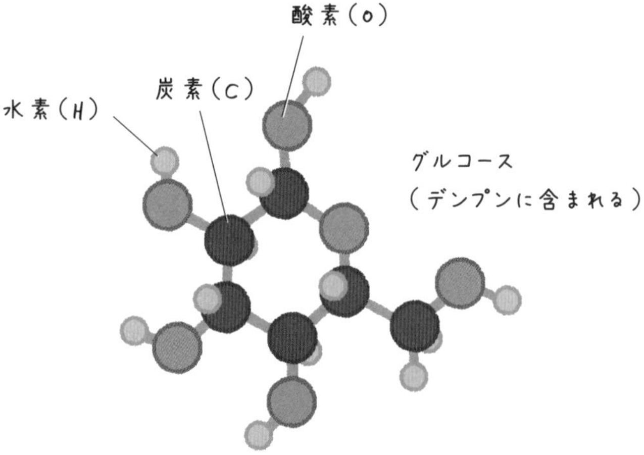

グルコースって，たしか私たちの**エネルギー源**ですよね？

その通りです。私たちの血液中にも含まれます。
さて一方，ハチミツや果実には，**フルクトース（果糖，$C_6H_{12}O_6$）**という物質が含まれていて，これも甘みをもたらします。

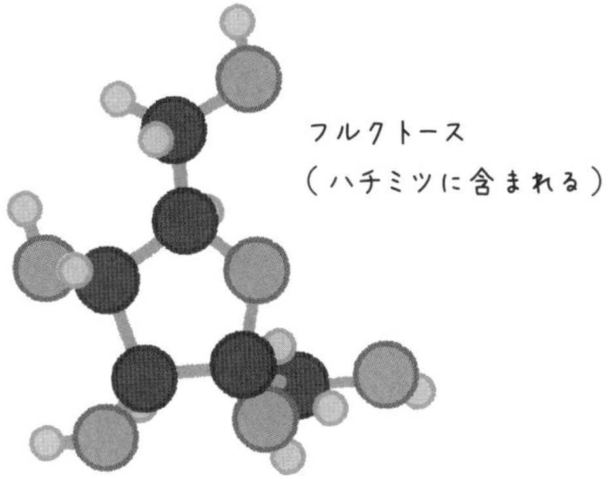

グルコースとフルクトースは形が少しちがいますね。

グルコースとフルクトースの化学式は，まったく同じ$C_6H_{12}O_6$です。つまり，原子の種類や数は同じです。
しかし，フルクトースはデンプンにはなりません。
グルコースとフルクトースでは，原子どうしのつながり方がことなるために，特徴がちがっているのです。
このような関係にある化合物どうしのことを**異性体**といいます。元素の数が多いほど，異性体の数も多くなります。

構成している原子は同じなのに，グルコースとフルクトースは，性質がちがうんだ。

ほかにもいくつか異性体の例を紹介しましょう。
下のイラストは，**ブタン**と**イソブタン**です。化学式はどちらもC_4H_{10}で同じですが，構造がちがいます。

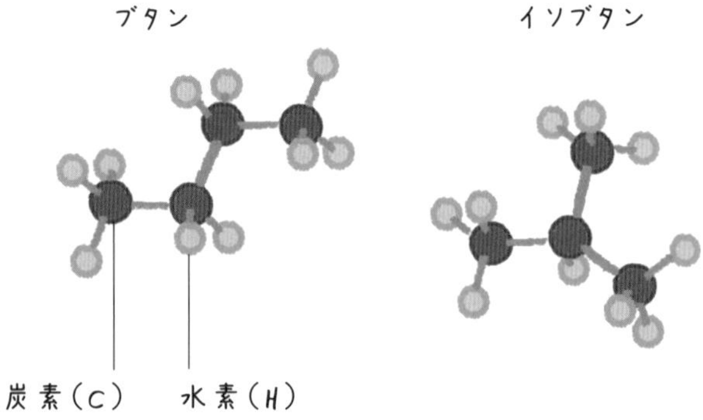

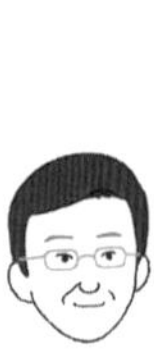

それから，**ジャスミン**という甘い香りを放つ花があります。
この香りをつくっているのは**ジャスモン**（$C_{11}H_{16}O$）とよばれる有機物です。
このジャスモンにも異性体があり，それぞれ**シス-ジャスモン**と**トランス-ジャスモン**とよばれています。

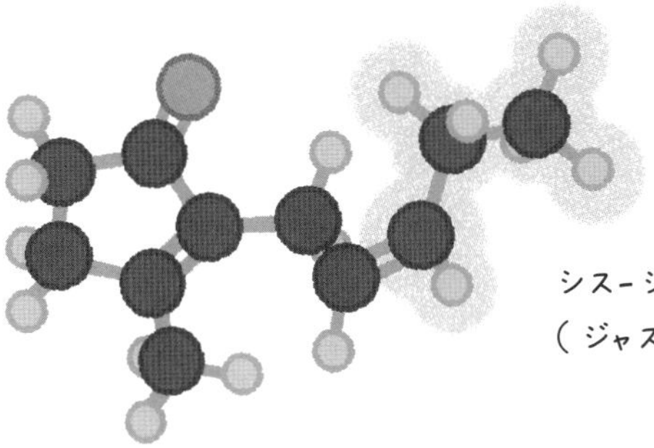

シス-ジャスモン
（ジャスミンの花の甘い香り）

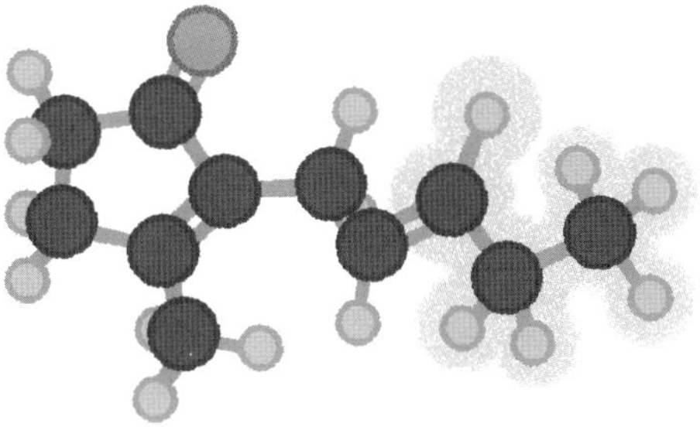

トランス-ジャスモン
（キノコのような香り）

ジャスモンの中には，炭素が二つの手で結びつく**二重結合**があります。
単結合は回転できますが，二重結合はできません。
そのためにこの二つの異性体が生じます。

どちらの異性体もジャスミンの花の中にあるんですか？

いいえ，ジャスミンの花からみつかるのはすべて**シス-ジャスモン**です。
トランス-ジャスモンは花の甘い香りはせず，キノコのような香りがします。

シス-ジャスモンとトランス-ジャスモンはすごく似ているのに，香りがまったくちがうのは面白いですね。

それから，**ミント**に含まれる**L-メントール**という分子があります。
ミントのさわやかな風味を生みだす分子です。
しかし，実験室でメントールをつくると，約2分の1の確率でD-メントールができます。

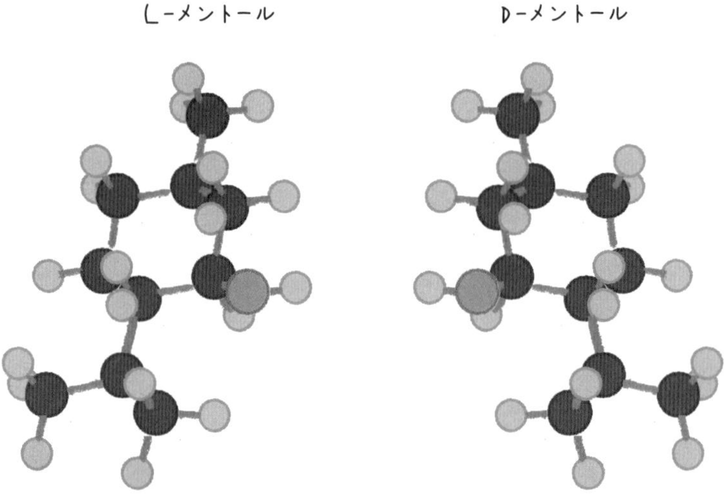

この二つも異性体なんですか？
なんだかちょうど鏡に向かい合ったものどうしのようですね。

ええ。**左手と右手のように左右対称です。**
そっくりなのに重ねられません。このような異性体を**鏡像異性体**といいます。

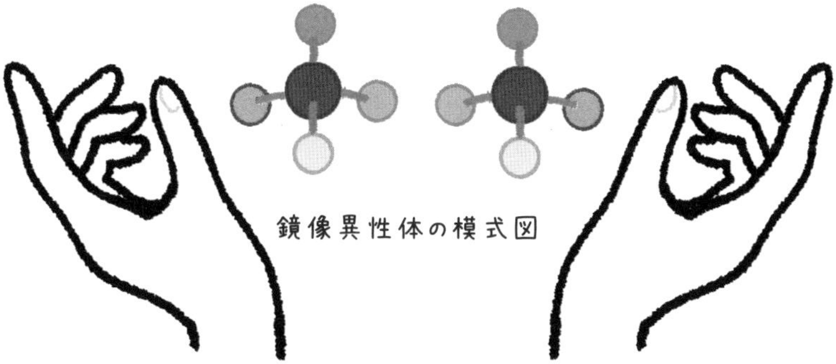

鏡像異性体の模式図

鏡像異性体

右手と左手のように左右対称で，そっくりなのに重ねられない分子の組み合わせを鏡像異性体といいます。

きょうぞういせいたい……。

D-メントールもミントの香りはするんでしょうか？

いいえ，D-メントールは消毒薬に似た香りをもちます。
鏡像異性体は，つくりかたも，化学反応のしかたなどの性質もほぼ同じですが，別の物質です。
それから，アミノ酸などにも鏡像異性体は存在しますが，人の体内では基本的に一方の鏡像異性体しか利用されません。

STEP 2

社会で活躍する有機物

有機物は，私たちの身のまわりのさまざまなものに利用されています。体をつくる細胞や，食品，薬など，有機物が活躍している例を紹介していきます。

生命の部品は，炭素が骨格になっている

私たちヒトはもちろん，すべての生命の体は，**細胞**でできています。
細胞をつくるのは，複雑な立体構造をもつ有機物たちです。二重らせん構造をもつ**DNA**，精密機械のような**タンパク質**，そして**リン脂質**などの材料が組み合わさって，細胞を構成しています。

細胞はいろんな分子が集まってできているんですね。
DNAは2時間目にも少し登場しましたよね。

はい，DNAは遺伝情報をつたえる**生命の設計図**です。
4種類の**塩基**を組み込んだ**デオキシリボヌクレオチド**という物質がつながって，二重らせん構造をとっています。

生命の部品をつくる主な元素

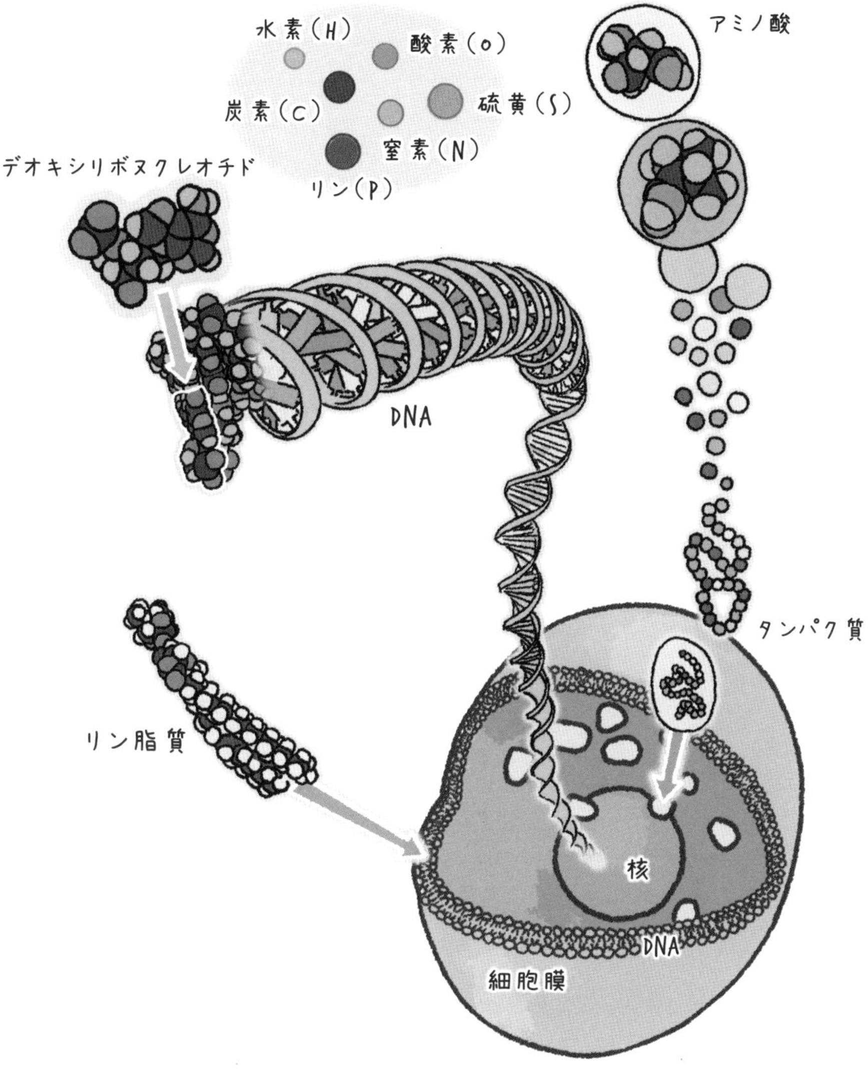

はいっ，二重らせん構造，覚えてます。
たしか2本の鎖は**水素結合**でくっついているんですよね。
DNAも少ない種類の元素からできた有機物だったんですね。

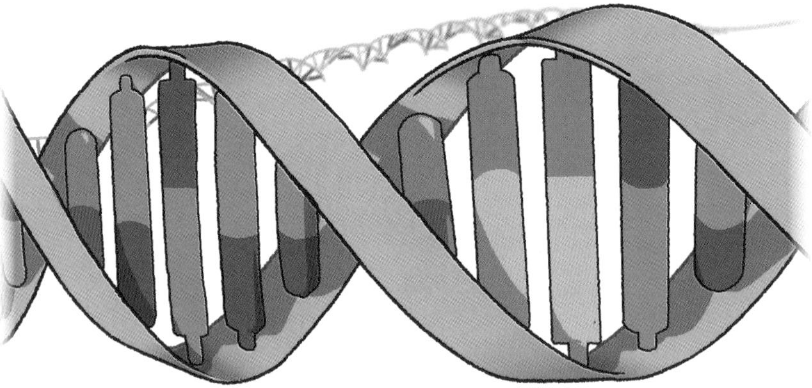

ええ，その通りです！
コロナワクチンに使われているメッセンジャーRNA（mRNA）もDNAの類縁体です。
それから，**タンパク質**というのは，人体の構成材料として使われたり，体内の化学反応を進めたりする物質です。
生命活動を成立させるために欠かせない役割をになます。

タンパク質，すごいな。

タンパク質は20種類の**アミノ酸**が長く連なってできたものです。タンパク質の種類は，20種類のアミノ酸の並び方によってことなります。
そして，アミノ酸が連なってできた1本の鎖が，複雑に折りたたまれることで，決まった立体構造をとります。この立体構造が，タンパク質のはたらきには重要なのです。

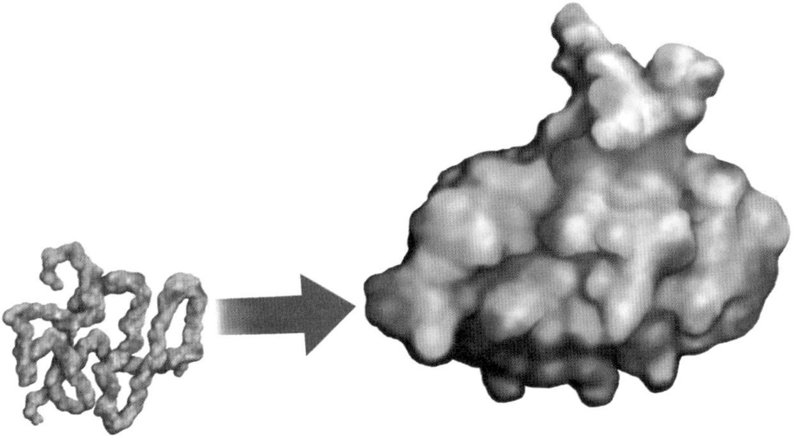

アミノ酸の鎖が折りたたまれることが大事なのか。

人の体には**10万種類**ものタンパク質があるといわれています。
水を除いたときに，人体で最も大きな重量を占めるのがタンパク質です。

10万種類も!?

ええ。
それから，細胞を内側と外側に分けるのが**細胞膜**です。
細胞膜の主な構成材料は，**リン脂質**です。

りんししつ？

リン脂質は，炭素の鎖が連なった2本の**足の部分**と，リンや酸素を含んで極性をもつ**頭の部分**に大きく分けられます。

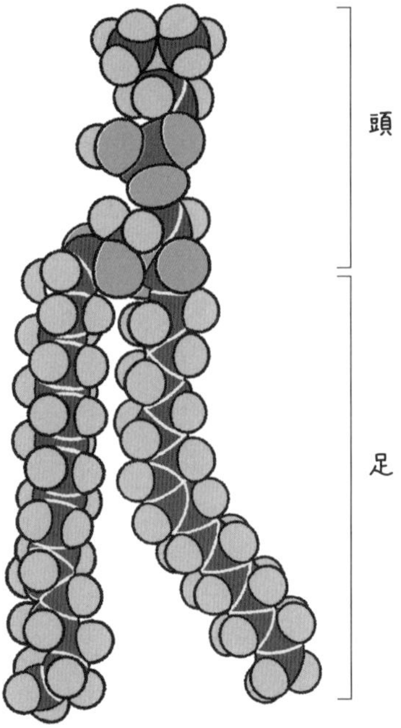

2本足のイカみたいですね。

頭の部分は水に溶けやすく（親水性），足の部分は水をきらう性質（疎水性）をもっています。**そのため，水の中では集まって，足を内側に，頭を外側に向けて2層に並び，1枚の膜になるんです。**こうしてできるのが細胞膜です。

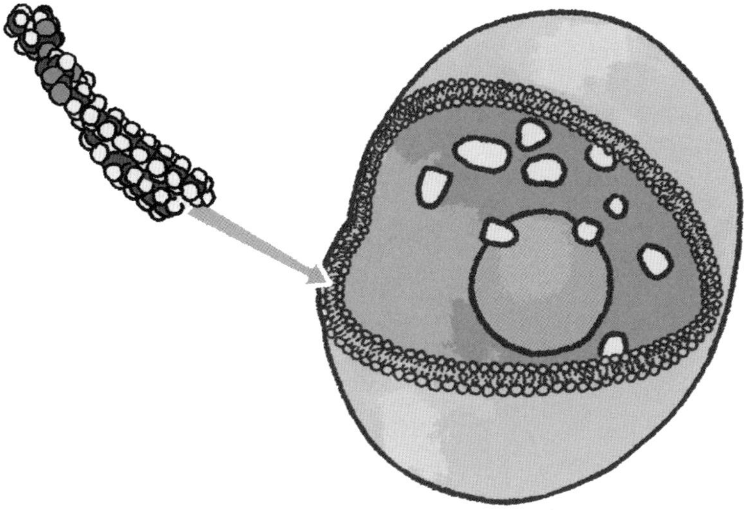

足が水に触れないように，内側にかくしているみたいですね。面白いな〜。

ふふふ，そうですね。
これらの細胞をつくる分子は，どれも基本的には酸素や炭素，窒素，リンなどの元素からつくられています。
しかし，それぞれのつながり方がちがうため，形も機能もちがうわけです。

バターは固体で，オリーブ油は液体の理由

さて，次はバターやオリーブ油などに含まれる**油脂**の話をしましょう。

ゆし？

はい，いわゆるあぶらです。
油脂は，**グリセリン**という物質に三つの**脂肪酸**が結合した有機物のことです。
右のイラストが油脂の例です。

足が3本ありますね。

ええ，この足の部分，すなわち脂肪酸の部分は種類によってちがいます。
そして，この脂肪酸のちがいが，油脂の性質のちがいをもたらします。

油脂の性質とは？

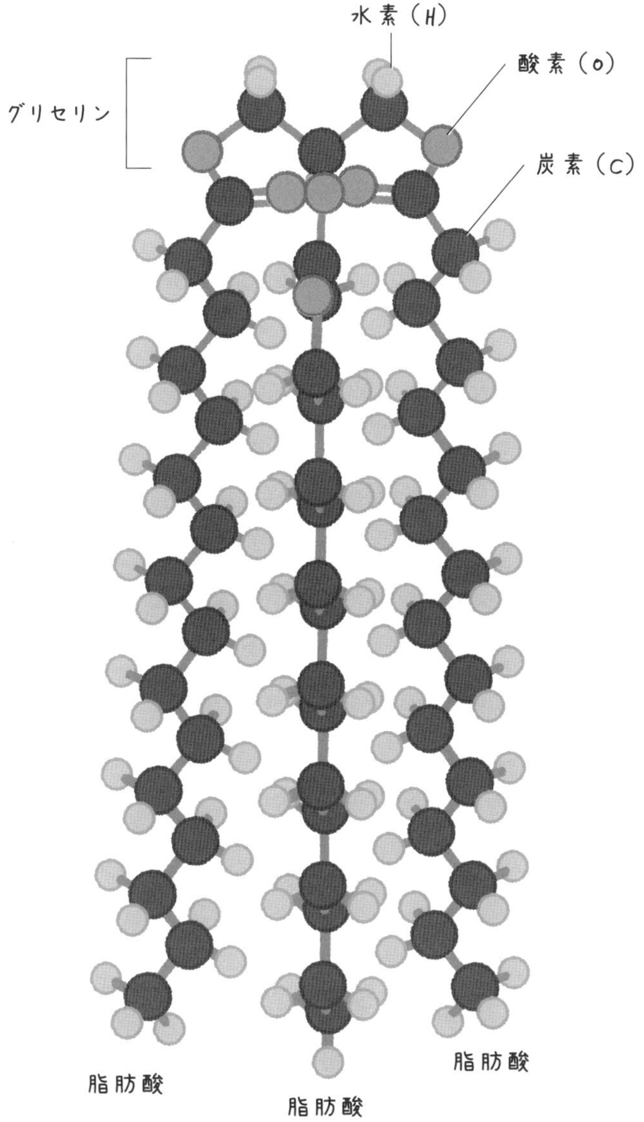

たとえば，バターとオリーブ油は，主成分は油脂です。
でも，バターは常温で固体で，オリーブ油は液体です。

たしかに，バターとオリーブオイルでは，見た目から全然ちがいますね。

両者のちがいをもたらすのが，油脂を構成する脂肪酸です。脂肪酸には大きく**飽和脂肪酸**と**不飽和脂肪酸**があります。

ほうわ？　ふほうわ？

ちがいは**二重結合**です。
脂肪酸を構成する炭素と炭素の間に二重結合を持たないものが**飽和脂肪酸**，二重結合をもつものが**不飽和脂肪酸**です。
たとえば，二重結合のない**パルミチン酸**は**飽和脂肪酸**です。

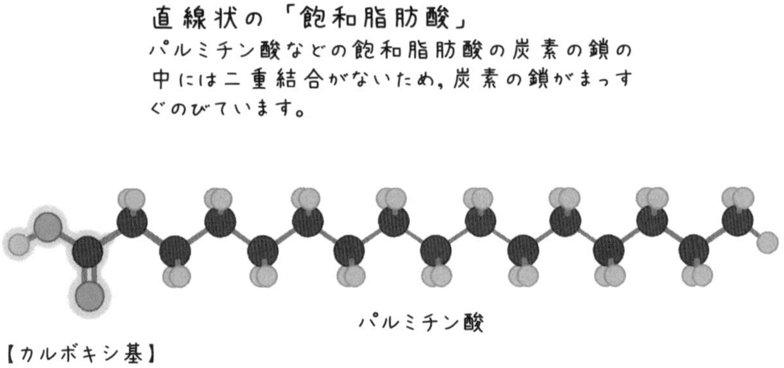

一方，**オレイン酸**は**不飽和脂肪酸**です。

折れ曲がった「不飽和脂肪酸」
オレイン酸などの不飽和脂肪酸の炭素の鎖の中には，1個以上の二重結合があり，そこで炭素の鎖が折れ曲がっています。

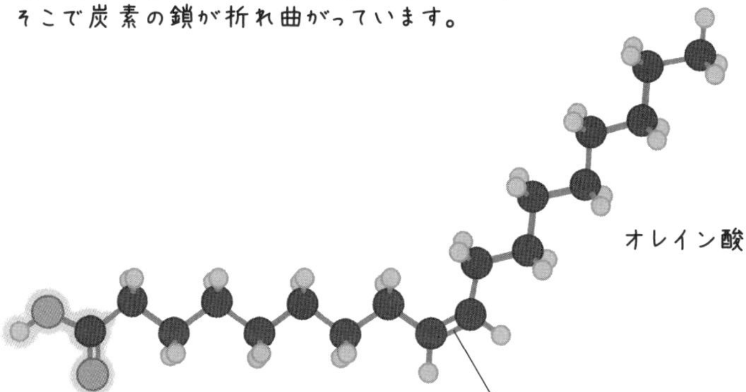

ふむふむ。
パルチミン酸は**直線状**ですが，**オレイン酸は二重結合の部分で曲がっているように見えますね。**

鋭いですね！

二重結合がない飽和脂肪酸は直線状です。
そのため，油脂の分子どうしが密に接することができます。

すると，密に接した分子の間に，分子をひとまとめにする分子間力が強くはたらきます。
これが，常温で溶けにくい（分子が動きにくい），という性質につながります。

つまり，**バター**みたいだと。

その通りです。
バターには飽和脂肪酸がたくさん含まれています。

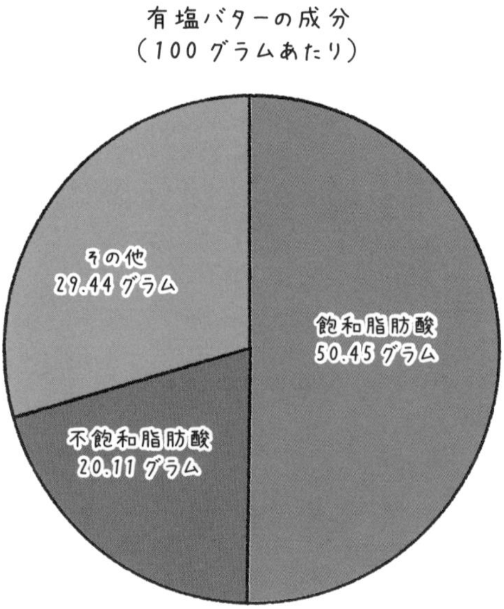

バターのように，飽和脂肪酸をたくさん含み，常温で固体となる油脂を**脂肪**といいます。
動物性油脂の多くは脂肪です。

じゃ，不飽和脂肪酸は？

オレイン酸などの不飽和脂肪酸は，二重結合のところで分子が折れ曲がります。
すると油脂の分子どうしは密接しにくく，分子間力もあまりはたらきません。
そのため，油脂の分子どうしは比較的自由に動けます。

ということは，常温で液体のオリーブ油には，不飽和脂肪酸が多く含まれているんですね。

その通りです。

オリーブ油の成分
（100グラムあたり）

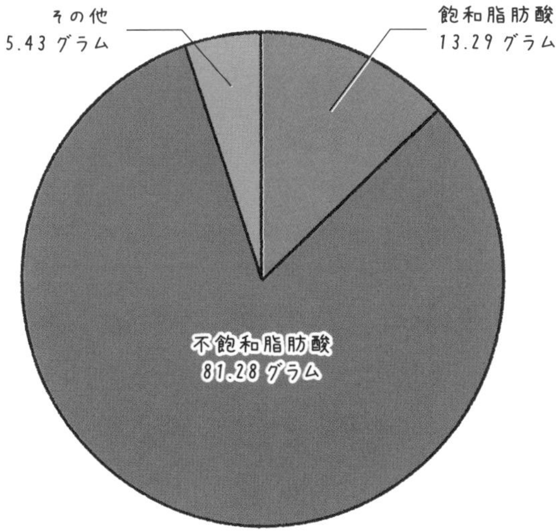

オリーブ油のように，不飽和脂肪酸を多く含み，常温で液体の油脂を**脂肪油**といいます。
ごま油や大豆油など，植物性油脂の多くは脂肪油です。

動物性の油脂は固体になりやすく，植物性の油脂は液体になりやすいんですね！

なお，魚由来の油脂，**魚油**は常温で液体です。
種によってもことなりますが，**ドコサヘキサエン酸（DHA）**などの曲がった形の脂肪酸を豊富に含みます。

DHA って聞いたことがあります！

DHAは，マグロや青魚に多く含まれています。
お寿司の**トロ**を食べたとき，口の中でとろけるような感じがするのは，曲がった形の脂肪酸を豊富に含む魚油が，常温で液体だからなのです。

トロ大好きです！
トロの美味しさにはそんな秘密があったのか！

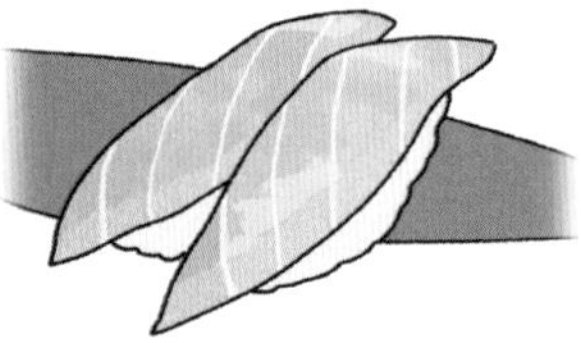

私たちは有機物に囲まれて生活している

19世紀のはじめまで，化学者たちにとって有機物は**生命がつくりだすもの**でした。
有機物は決して人工的にはつくれないと信じられていたわけです。

生命がつくりだす物質を有機物とよんだんでしたね。

ええ。
しかし，1828年，ドイツの化学者，**フリードリヒ・ヴェーラー**（1800～1882）は，無機物である**シアン酸アンモニウム**の水溶液を熱することで，**尿素**という有機物を合成することに成功しました。
ヴェーラーの実験によって，無機物から有機物が合成できることがはじめて明らかになったのです。

フリードリヒ・ヴェーラー
（1800～1882）

有機物は必ずしも，生命がつくるものではないということですか？

はい。
以後，化学者たちは有機物を人工的に合成し，あやつるようになりました。
とくに人工的に合成された，鎖状の長い有機物である**ポリマー**でできたものは，私たちの身のまわりで活躍しています。

ポリマー！
あ，ポリエチレンですね！

その通りです。ポリマーは**高分子**ともいわれます。
モノマーという小さな分子を数万〜十万個つなぎあわせてつくられます。
初期のポリマーには，世界初のゴム，**ポリクロロプレン**や，世界初の合成繊維，**ナイロン**があります。

ポリクロロプレン

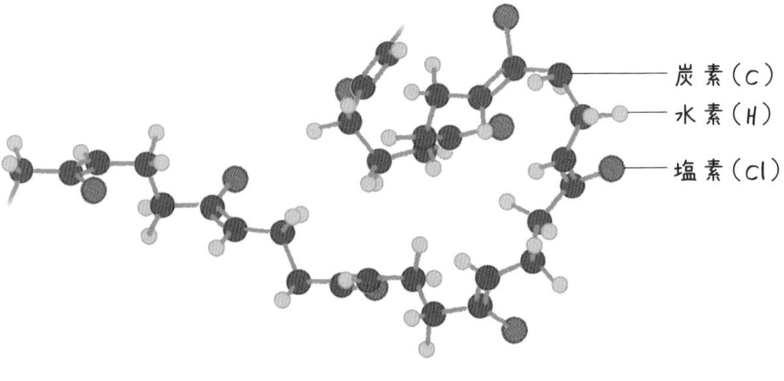

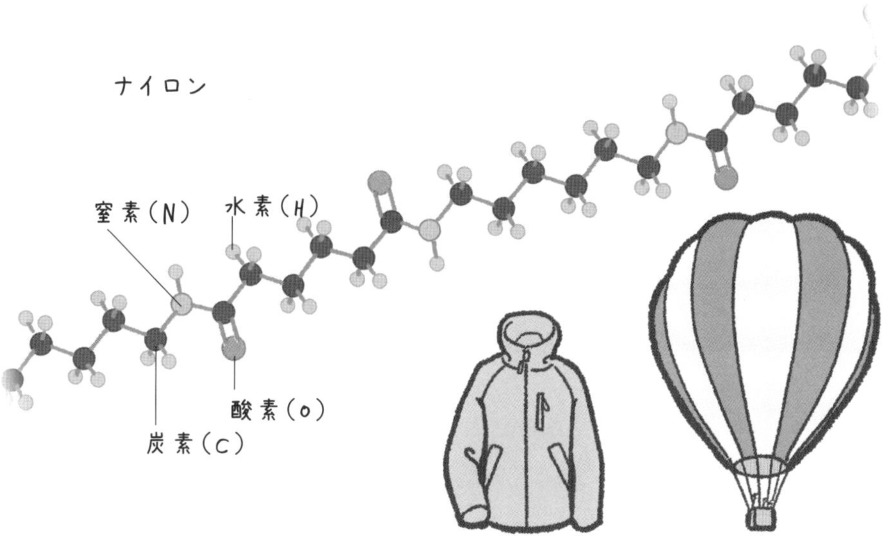

私たちの身のまわりの**レジ袋**や**ペットボトル**などもポリマーでできたものの一例です。
そのほかにも，接着剤や，高い水圧に耐える水槽の壁などの素材もポリマーです。

身のまわりにある，さまざまな高分子

製品など	使われている高分子の名前	高分子の性質
ビニール袋	ポリエチレン	最も単純なポリマー。リサイクルマークにPEと書いてある。
水族館の水槽の壁	ポリメタクリル酸メチル	非常に固く，透明。大きな水圧がかかる大水槽に使われる。
発泡スチロール	ポリスチレン	内部で無数の気泡を発生させて発泡スチロールにする。体積の98%が空気。
接着剤	エポキシ樹脂	二つの物質をまぜると，化学反応しがんじょうな樹脂になる。
水道管など	ポリ塩化ビニル	燃やすとダイオキシンが発生する。ダイオキシンの発生を低くおさえる焼却方法が開発された。
CD-ROM	ポリカーボネート	ほかのプラスチックにくらべ，透明で衝撃に強い。
焦げ防止フライパン	ポリテトラフルオロエチレン	フッ素樹脂ともよばれている。化学薬品や高温に強い膜をつくる。
輪ゴム，タイヤ	ポリイソプレン	ゴムの木からとれる天然ゴムもポリイソプレンからなる。ともに利用されている。

有機物を人間の手で自由にあつかえるようになったことで，プラスチックをはじめ，現代の生活に欠かせないさまざまな製品がつくられるようになったのですね。

薬となる有機物を人工的に合成する

有機化学は，**薬**の開発にも欠かせません。
人々は，3500年以上も前から，さまざまな薬草をみつけ，利用してきました。
しかし，もし，ほしい成分を人工的に合成できれば，植物を利用せずに，短期間で薬をつくることができます。

たしかに。

20世紀に入って有機化学が発展するにつれ，さまざまな天然の有機物の構造が調べられ，合成されるようになっていきました。
たとえば，鎮痛薬の**アスピリン**は，ヤナギの樹皮から取りだされた**サリシン**という物質を改良して1897年につくられました。

ヤナギ

古来より，樹皮が鎮痛薬に使われてきました。イラストはシダレヤナギですが，サリシンはほかのヤナギからも取りだせます。

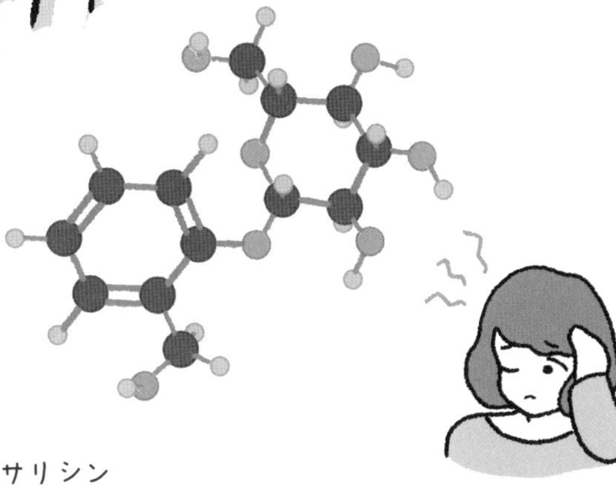

サリシン

1828年，ヤナギの樹皮から取りだされた鎮痛成分。19世紀に薬品として使われました。ただし，胃腸が荒れるという副作用がありました。

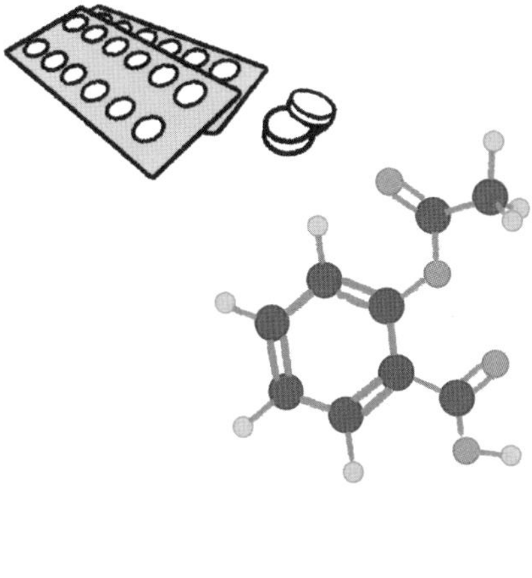

アスピリン※

（アセチルサリチル酸）

サリシンを改良して，1897年につくられました。胃腸が荒れるというサリシンの副作用が弱まり，広く普及しました。

※「アスピリン」はバイエル薬品株式会社の登録商標

サリシンにも鎮痛作用はありますが，**胃腸が荒れる**という副作用がありました。
アスピリンは，この副作用が弱まり，広く普及しました。
現在でもさまざまな鎮痛薬にアスピリンが入っています。

天然の物質を人工的に改良することで，副作用を弱めるなんてすごいなぁ。

それから，熱帯の伝染病であるマラリアの特効薬に，**キニーネ**があります。
もともとキナノキという樹木に含まれている物質ですが，キナノキに頼らずに合成する方法が早くから研究され，成功しています。

キニーネ
マラリアの特効薬。世界に進出したヨーロッパの人々がマラリアにかかる例があいついだため，熱帯に生息するキナノキにたよらずに合成する方法が早くから研究されていました。

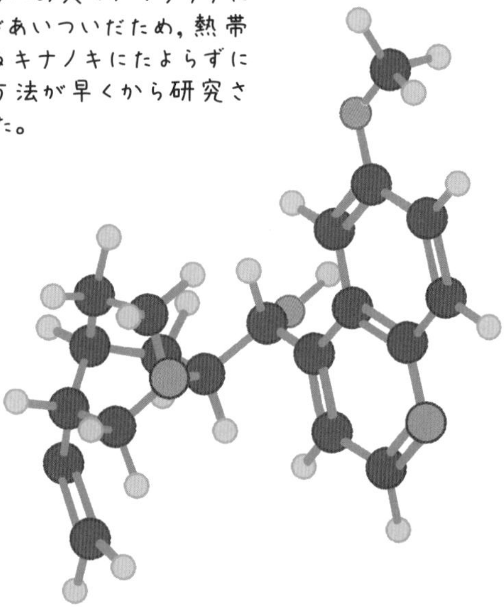

また，最近開発された例でいうと，インフルエンザの薬**タミフル**は，ハッカクという樹木の実から取りだしたシキミ酸という成分を元につくられています。
ハッカクにたよらずに合成する方法も開発されています。

タミフル
インフルエンザの症状を軽くするといわれている薬品。シキミ酸から10回の化学反応を経てつくられます。近年，ハッカクにたよらずに合成する方法が複数開発されています。

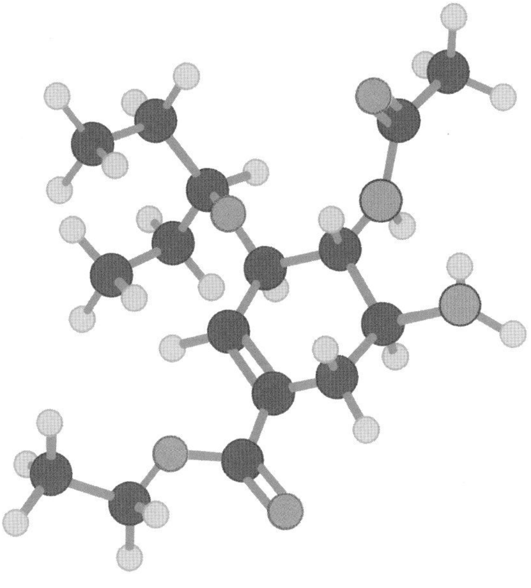

数年前にインフルエンザにかかったとき，タミフルを服用しました。39℃近く熱が出ていたのに，ほんの1日ちょっとで熱が下がってしまったんですよ。いやぁ，よく効きました。
いろんな薬が，自然に存在する物質を元に，人工的に合成したり，改良したりして，開発されているんですね。

ええ。ただ，近年では，**コンピューター**を利用して，新しい薬品を一から設計する手法が発展しています。
コンピューターを使って，病気に効く化合物の候補を探したあとで，実際に合成して試験するのです。

薬の開発手法も，どんどん進化しているわけですね。

有機EL，超分子……，有機化学は新時代へ

4時間目の最後に，有機化学のこれまでをふりかえっていきましょう。
ラボアジエが18世紀末に元素を提案してから，19世紀の100年間で有機化学は確立していきました。
そして20世紀に入ると，プラスチックなどの**石油製品**や**薬品**，**液晶ディスプレイ**など，さまざまな物に有機化学が利用されるようになりました。

プラスチックや薬をはじめとする，人工的に合成された有機物が私たちの生活に欠かせないものとなっていますね。

ええ，しかし有機化学によって，生活が便利になった一方で，プラスチックの環境問題につながったり，異性体を含んだ医薬品が人体に害をあたえたりするなどの問題もおきました。**でも，その問題を解決するのも有機化学です。**

ふーむ。

現在，ゴミ問題に対しては，微生物に分解される**生分解性プラスチック**の開発や，**リサイクル技術の普及**など，さまざまな対策がとられています。
また薬品については，さまざまな異性体をつくりわける手法が研究されています。

さまざまな問題を解決しようと，研究者たちは研究にはげんでいるわけですね。

それから現在では，**コンピューター**で設計した分子の性質を，分子の構造から予測したり，目的に応じて設計した分子を実際につくりだしたりすることが可能になりつつあります。

ほぅ。

さらに，分子をつくるだけではなく，つくった分子をいくつも組みあわせた**超分子**の化学が期待されています。
決まった分子だけをとらえるセンサーや，微量の薬を包みこんで患部に届けるカプセルなど，さまざまな応用が期待されています。
有機化学の可能性は，今なお広がりつづけているんです！

炭素原子

炭素を含む，原子の基本的な構造は，1913年，ボーアによって提案されました。

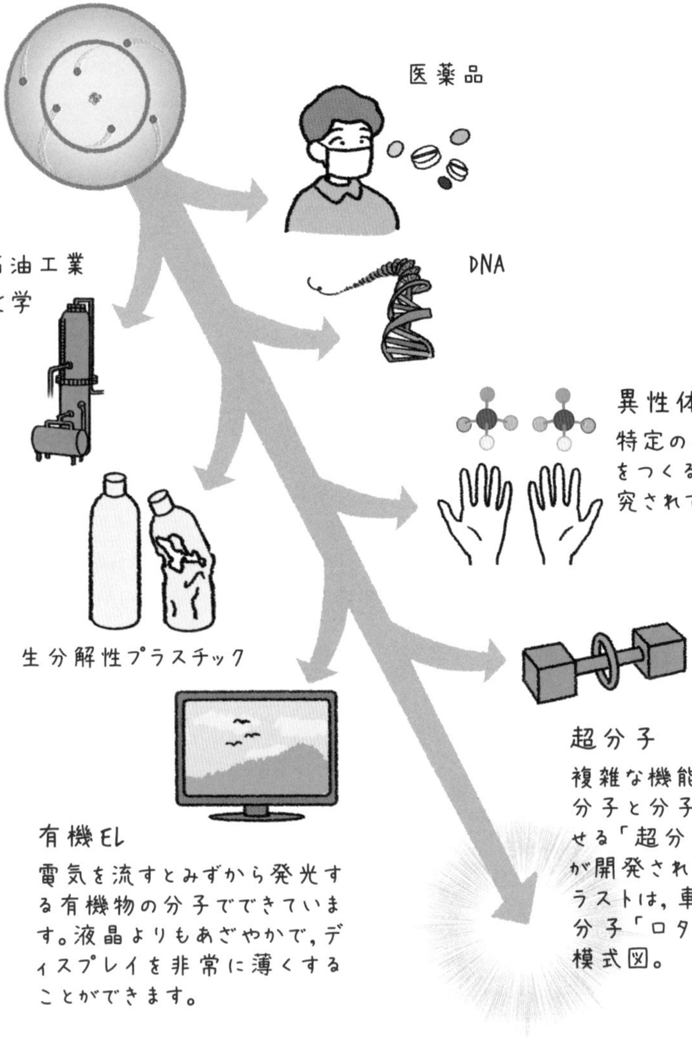

異性体

特定の異性体だけをつくる手法が研究されています。

超分子

複雑な機能を目指し，分子と分子を組みあわせる「超分子」の技術が開発されています。イラストは，車輪型の超分子「ロタキサン」の模式図。

有機EL

電気を流すとみずから発光する有機物の分子でできています。液晶よりもあざやかで，ディスプレイを非常に薄くすることができます。

有機物がプラスチックや薬，さらにはTVのディスプレイにまでなるんて，すごいですね。

さて，有機物のこれまでと現状を紹介したところで，この本は終わりです。

原子や分子といった身のまわりの物質の基本から，化学反応，そして有機物と，いろんな化学を知ることができました。
化学は，身近で生活に欠かせない学問だっていうことが，よく実感できました！
先生，どうもありがとうございました！

偉人伝❹

尿素をつくった，フリードリヒ・ヴェーラー

ドイツの化学者，フリードリヒ・ヴェーラー（1800～1882）は，無機化学と有機化学の両方で多くの業績を残した人物です。無機物から有機物を合成することにはじめて成功し，「有機化学の父」ともよばれています。

ヴェーラーは1788年，ドイツのエッシャースハイム（現在のフランクフルト）で生まれました。子供のころから，鉱物の収集に情熱を注いでいたといいます。

1823年にハイデルベルク大学で医学の学位を得たのちに，化学の研究に本格的に取り組むようになりました。1825～1831年，ベルリンの工業学校で教え，1831～1836年，カッセル工業学校で教えたのち，1836年にゲッティンゲン大学医学部化学教授となりました。

さまざまな元素を単離

無機化学におけるヴェーラーの業績として，元素の単離が挙げられます。1827年に，物理学者エルステッドが発見していたアルミニウムの単離法を改良し，金属アルミニウムの単離に成功しました。この方法が，アルミニウム工業の発展につながりました。さらに翌年の1828年には，純粋なベリリウムとイットリウムをはじめて分離することに成功しています。

その後も，リン，ニッケルの製出法や，オスミウム，イリジウムの分離法を発見するなど多数の業績を残しました。

生気論をくつがえした

1828年，ヴェーラーは，シアン酸アンモニウムという無機物を加熱する中で，偶然，尿素をつくりだすことに成功しました。尿素は，尿に含まれる有機物です。

当時，有機物は，動植物がもつ「生命力」によってのみつくられるとする「生気論」が信じられていました。つまり，無機物から有機物を人工的に合成することは不可能だと考えられていたのです。しかし，ヴェーラーの発見によって，生気論はくつがえされました。ヴェーラーの発見は有機化学に大きな変革をもたらしたといえるでしょう。

ヴェーラーはほかにも，異性体や官能基の考え方を提案し，有機化学を大きく発展させました。

索引

A～Z

あ

か

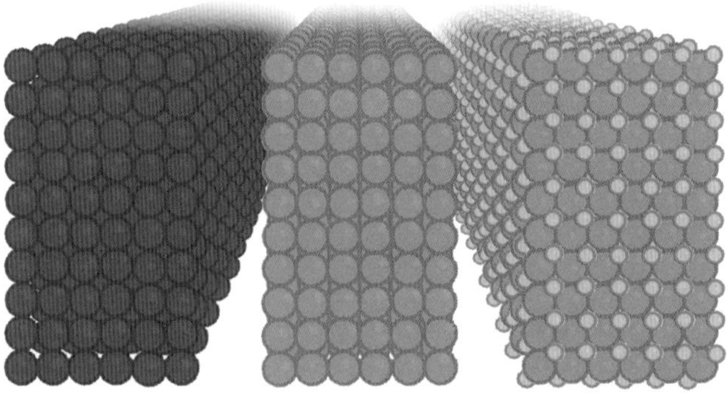

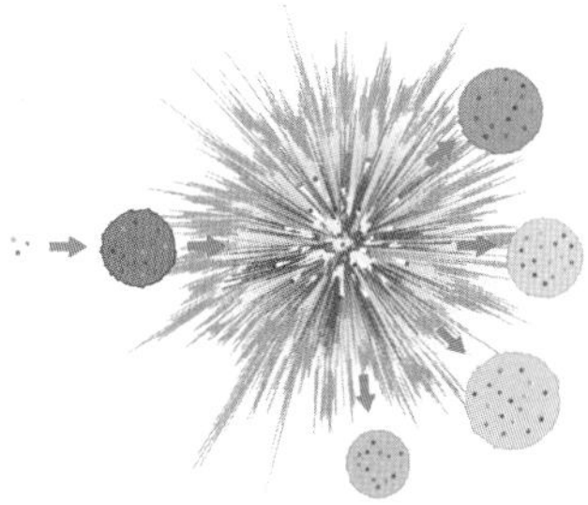

さ

た

な

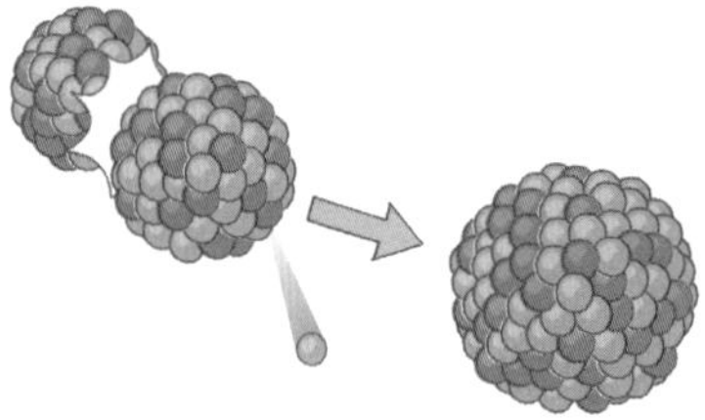

は

ま

や

ら

シリーズ第10弾!!

東京大学の先生伝授

文系のためのめっちゃやさしい 天気

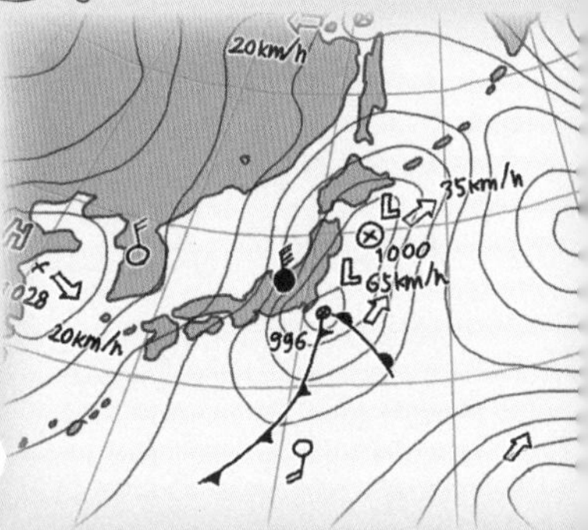

2021年9月上旬発売予定　A5判・304ページ　本体1650円（税込）

「今日は天気がいいから布団を干そう♪」といったささやかなことから，「台風」や「集中豪雨」などの命に関わるような災害まで，私たちの暮らしは，「天気」に大きな影響を受けています。

晴天や大雨といった天気の変化は，気温や水蒸気，雲，気圧，風といった，大気のダイナミックな動きによってもたらされます。私たちが毎日目にする「天気予報」は，こうした大気の状態を観測することで行われているのです。

本書では，天気について，生徒と先生の対話を通してやさしく解説します。本書を読めば，普段何気なく眺めていた雲や，テレビで見ていた天気予報に，より一層，興味がわくことでしょう。どうぞお楽しみに！

主な内容

雨や雪がふるしくみ

雲はどうやってできる？

日本の天気は「気圧」と「風」で決まる

春夏秋冬の日本の天気
日本の天気を左右する風

世界の気象と気候

アフリカ・ヨーロッパの気候
アジア・アメリカ・南極の気候

生活をおびやかす「気象災害」と「異常気象」

スーパー台風と集中豪雨
異常気象はなぜ発生する？

天気予報のしくみ

大気を観測して，天気を予測！
天気図をよみとこう！

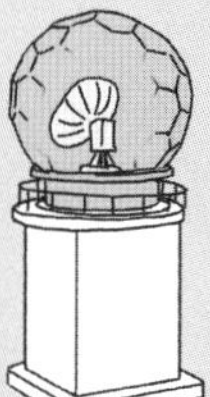

Staff

Editorial Management　木村直之
Editorial Staff　井上達彦，宮川万穂
Cover Design　田久保純子

Illustration

表紙カバー　松井久美
表紙　松井久美
先生と生徒　松井久美
4　松井久美
5~6　Newton Press, 松井久美
7~8　松井久美
9　Newton Press, 松井久美
10　松井久美
11　Newton Press
12~13　松井久美
14~17　Newton Press
18　松井久美
19　Newton Press
21~23　松井久美
24~25　Newton Press
26　松井久美
28~31　Newton Press
33~35　松井久美
36~38　Newton Press
40~43　松井久美
44~45　Newton Press
46　松井久美
48　Newton Press
51　松井久美
52~56　Newton Press
57　松井久美
59　Newton Press
61　松井久美
62　Newton Press
64　松井久美
67　Newton Press
69~71　松井久美
72~73　Newton Press
75~76　松井久美
77~85　Newton Press
86　松井久美
87~88　Newton Press
90　松井久美
91~100　Newton Press
101　松井久美
104~111　Newton Press
112~116　松井久美
117　Newton Press
118~120　松井久美
121　Newton Press
122　松井久美
123　Newton Press
125　Newton Press, 松井久美
126~127　松井久美
129~131　Newton Press
132~133　松井久美
134　Newton Press
135　松井久美
136　Newton Press, 松井久美
137　松井久美, 羽田野乃花, 佐藤蘭名
138~139　Newton Press
140　松井久美
141~142　Newton Press, 松井久美
143　松井久美
144　Newton Press
145~150　松井久美
151~161　Newton Press
163~170　松井久美
171　Newton Press
173　松井久美
174~182　Newton Press
183　松井久美
184~193　Newton Press
195~196　松井久美
197~202　Newton Press
203~212　松井久美
216　Newton Press
217　松井久美
218~225　Newton Press
227　松井久美
229　Newton Press
230　松井久美
233　Newton Press
234~239　松井久美
240　Newton Press
241~244　松井久美
245　Newton Press, 松井久美
246~247　松井久美
248~251　Newton Press
252　松井久美
253~254　Newton Pres
255　松井久美
257　Newton Press
258~259　松井久美
260~263　Newton Press
264~265　松井久美
266　Newton Press
267　松井久美
268~269　Newton Press
271　松井久美
272~273　Newton Press
274　松井久美
275　Newton Press
276　松井久美
277　Newton Press
279~283　松井久美
284　Newton Press
285~286　松井久美
287　Newton Press
288　松井久美
289　Newton Press
290~292　松井久美
294　Newton Press
295~297　松井久美
298~301　Newton Press, 松井久美
302~303　Newton Press

監修（敬称略）：
中村栄一（東京大学特別教授）

東京大学の先生伝授
文系のための めっちゃやさしい

化 学

2021年8月25日発行　2022年7月15日 第2刷

発行人　高森康雄
編集人　木村直之
発行所　株式会社 ニュートンプレス　〒112-0012 東京都文京区大塚3-11-6
https://www.newtonpress.co.jp/

ISBN978-4-315-52433-8